徐州宏昌工程机械职业培训学校　组织编写
李 宏　主编
李 波　张钦良　副主编

装载机操作工

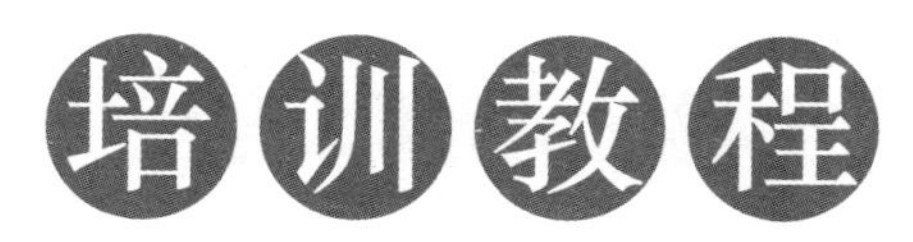

化学工业出版社
·北京·

本书可作为职业院校装载机驾驶教学和社会培训的教材。

全书从工程施工需要出发，注重培养学生的实际操作能力，以及在施工现场分析和解决问题的能力。主要内容包括操作技术和维护保养两大部分，操作技术部分主要讲述装载机基本常识、各大工作装置以及操作与施工；维护保养部分主要讲述发动机、液压系统、电气系统在使用过程中的基本知识，以及常见的一些故障及维修技术等。

本书内容通俗易懂，图文并茂，形式新颖活泼，突出了理论与实践的结合，体现了科学性和实用性。

图书在版编目（CIP）数据

装载机操作工培训教程/李宏主编. —北京：化学工业出版社，2008.7（2021.1重印）
ISBN 978-7-122-03216-4

Ⅰ.装… Ⅱ.李… Ⅲ.装载机-技术培训-教材 Ⅳ.TH243

中国版本图书馆CIP数据核字（2008）第097366号

责任编辑：张兴辉　　　　装帧设计：刘丽华
责任校对：宋　夏

出版发行：化学工业出版社（北京市东城区青年湖南街13号 邮政编码100011）
印　　装：三河市延风印装有限公司
850mm×1168mm　1/32　印张8　字数255千字
2021年1月北京第1版第16次印刷

购书咨询：010-64518888
售后服务：010-64518899
网　　址：http://www.cip.com.cn
凡购买本书，如有缺损质量问题，本社销售中心负责调换。

定　　价：24.00元

前言

当前，工程机械行业发展迅速，国内各种工程机械（挖掘机、装载机、起重机、叉车等）的拥有量日渐增多，社会急切需要大批量的工程机械操作工。为了满足中等职业技术学校工程机械专业教学以及企业工程机械驾驶培训的需要，我们在总结以往装载机驾驶教学培训经验的基础上，收集、整理已有的教材资料，组织编写了《装载机操作工培训教程》一书。

本教程从工程施工需要出发，注重培养学生的实际操作能力，以及在施工现场分析和解决问题的能力。其主要内容包括操作技术部分和维护保养部分，操作技术部分主要讲述装载机基本常识、各大工作装置以及操作与施工；维护保养部分主要讲述发动机、液压系统、电气系统在使用过程中的基本知识，以及常见的一般故障。在编写中文字力求通俗易懂，图文并茂，形式新颖活泼，克服了传统培训教材理论内容偏深、偏多、抽象的弊端，突出了理论与实践的结合。让学员既学到真本领又可应对技能鉴定考试，体现了科学性和实用性。

本教程由李宏主编，李波、张钦良副主编，参与编写的还有徐州宏昌工程机械职业培训学校的齐墩建、李峥、程学冲、周莉、王勇以及其他一些教师、驾驶教练等。

本教程的编写征求了从事装载机职业培训、维修和驾驶人员的宝贵意见，在此表示衷心的感谢！

鉴于编者能力有限，书中不当之处在所难免，敬请广大读者批评指正。

主编

目录

第1章 装载机的安全操作

装载机自20世纪20年代作为土方施工机械出现至今，经过机械传动、液力机械传动、全液压传动和电传动等几个阶段的发展，形成了不同的结构类型。目前，我们经常见到的、通常使用的装载机一般为轮式的，履带式的装载机较少。为此，我们主要讲述轮式装载机的操作技术和维护保养。

轮式装载机是工程机械的主要机种之一，它广泛应用于建筑、矿山、水电、铁路、公路等的施工现场和料场。它主要用来装卸散状物料，清理场地和物料的短距离搬运，也可进行轻度的土方挖掘工作，更换作业装置，还可用来吊装、叉装物体和装卸圆木等。目前随着轮式装载机向大型化的发展，已开始越来越多地与自卸汽车相配合，用于装卸爆破后的矿石等，具有机动、灵活和高效的优点。

轮式装载机作为企业内运输作业的主要机种之一，随着国民经济的高速发展，在企业的正常生产经营活动中起着重要作用。由于装载机具有运转灵活、使用方便、适应性好、载重量可大可小、速度可快可慢，且多数车辆体积较小，并可直接到达运输目的地等特点。因此，企业内拥有的数量也在逐年增加。操作装载机的驾驶人员也随之增多。同时对操作装载机的驾驶员提出了更高的要求，必须掌握装载机基本结构和性能，熟知装载机各项安全规定和操作规程，并能在实际驾驶中达到一定的熟练程度，掌握安全行车、安全作业的客观规律。

目前，轮式装载机发展较快，已形成了较完整的生产系列。按卸料方式不同分为前卸式、侧卸式两种。按铲斗的额定重量分为小型（<10kN）；轻型（10～30kN）；中型（30～

80kN)；重型（>80kN)。

装载机型号数字部分表示额定装载量，例如 ZL50 表示其额定载重量为 5000kg。

1.1 轮式装载机的总体结构

图 1-1 为我国目前最具代表性的第二代 ZL50 型轮式装载机的总体结构。它主要由柴油机系统、传动系统、防滚翻及落物保护装置、驾驶室、空调系统、转向系统、液压系统、车架、工作装置、制动系统、电气仪表系统、覆盖件和操纵系统等 13 个部分及系统组成。

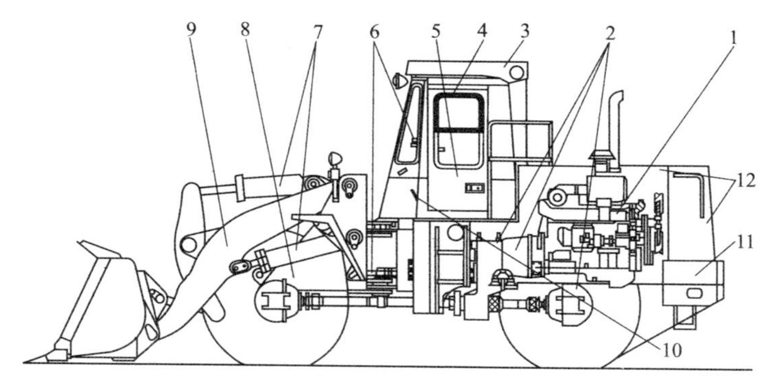

图 1-1　轮式装载机总体结构图

1—柴油机系统；2—传动系统；3—防滚翻及落物保护装置；4—驾驶室；5—空调系统；6—转向系统；7—液压系统；8—车架；9—工作装置；10—制动系统；11—电气仪表系统；12—覆盖件

空调系统及防滚翻与落物保护装置是第一代所没有而第二代产品新增加的，主要是增加产品的安全舒适性。其他部件如转向系统、制动系统、驾驶室、工作装置、车架等也有重大变化，在第一代的基础上采用了十多项先进技术及先进结构。因此，第二代与第一代相比在可靠性、安全舒适性、作业效率等都有相当大的提高，同时外观造型也美观得多。

1.2 装载机安全操作技术

一个好的装载机驾驶员不仅应能熟练地控制各种操纵手柄，通晓装载机技术性能与结构原理，并能敏锐地分辨出产生故障的部位和原因，及时排除，而且还要掌握装载机的原理和各种作业工况下的操作技术，善于保养和维修。这样，才能最大限度地发挥装载机的效能，保持较高的机械完好率与利用率，提高作业生产率。

1.2.1 装载机的行驶原理

装载机是用铲斗铲装土壤或其他物料。铲斗装满后，荷重运行一段距离，然后卸掉斗内的土壤或物料，无论铲装土壤（物料）或载荷行驶时，都必须有一个动力克服装载机工作和运行中所遇到的阻力。由柴油机供给的这个动力经过液力变矩器的传递，提高了动力传递的稳定性；减少了发动机对传动轴系的冲击负荷。因而，装载机即便以最低速度作业，发动机仍能稳定工作而不致熄火。并且，低速时变矩器扭矩大，整机牵引力增加，大大提高了驾驶和作业的能力。液力变矩器把动力送到由变速箱、离合器、万向节等组成的传动系统，再传到行驶系统，一直传到履带行走机构的驱动轮和轮胎行走机构的前、后桥，形成一个推动装载机向前行驶的牵引力。装载机依靠这个力就可以克服铲装土壤（或物料）的切削阻力、行驶时的滚动阻力、上坡阻力和空气阻力，而进行正常地作业和行驶。

由于装载机工作的地面条件千变万化，所以轮胎对地面的附着力也不一样。附着情况不好时，附着力小。这时，尽管柴油机有足够的功率也得不到较大的牵引力，往往出现装载机陷在原地，车轮滑转的情况。为此，装载机在泥泞潮湿的地带工

作时，就要设法采取有效措施来增加附着力。如在轮胎胎面采用特殊加深花纹；在轮胎上装防滑链条；增加作用在驱动轮上的重量（在驱动轮轮胎中灌水或者在轮轴上加配重）等。

1.2.2 开动装载机的注意事项

① 使用和操作装载机之前，必须熟读与该型号装载机有关的各种技术文件和资料，了解机器的性能与结构特点。掌握每根操纵杆或操纵手柄以及各种仪表的位置和作用，以便合理使用机器，提高使用寿命和劳动生产率。

② 做好开车前的各种准备工作。包括发动机启动前的准备（参阅培训教材）和作业前的准备（检查各部件是否正常；仪表是否损坏；润滑、启动、制动和冷却系统的紧固、密封情况是否良好；轮胎气压和油位、水位等是否符合要求；操纵手柄是否灵活等）。

③ 所使用的燃油必须纯洁，并经过 48 小时以上的沉淀。燃油牌号应符合规定的质量要求。液压系统用油和变速箱、变矩器用油也必须纯洁，符合质量要求（ZL50 型装载机变速箱、变矩器用 22 号透平油）。

④ 按规定进行保养与润滑。熟知各润滑点的位置。每次作业前都要进行维护与保养。

⑤ 发动机启动后应怠速空运转，待水温达到 55℃、气压表达到 0.45MPa 后，再起步行驶。

⑥ 山区或坡道上行驶时，应防止发动机熄火（ZL50 装载机可接受“三合一”机构操纵杆），保证液压转向。拖启动必须正向行驶。下坡行驶时不允许发动机熄火，否则液压转向失灵，会造成事故。应尽量避免载荷下坡前进运输行驶，不得已时可后退缓行。

⑦ 高速行驶用两轮驱动，低速铲装用四轮驱动。高速行驶时，为了提高发动机的功率利用，可将变矩器的离合器操纵阀的油路接通，使变矩器的泵轮与涡轮结成一体，成为刚性连

接，以减少功率损失，达到高速行驶的目的。

⑧ 改变行驶方向，变换高、低速挡或驱动桥手柄都必须在停车后进行（ZL50 装载机可在行驶与工作过程中自由变速和换向）。装载机作业时，发动机水温和变矩器油温均不得超过规定值。由于重载作业，油温超过允许值时，应停车冷却。

⑨ 不允许将装载机铲斗提升到最高位置装卸货物。运载货物时，应将铲斗翻转提至离地约 400mm 再行驶。

⑩ 由于出现故障，需要其他车辆牵引装载时，应将前、后传动轴和转向油缸拆下来，以防变速箱离合器片磨损，而影响牵引转向。

1.2.3 起步、变速转向与停车

装载机起步前需先启动柴油机。待柴油机逐渐转入正常运转之后即可将变速操纵杆放在所需的挡位，油门打到适当的开度，逐渐增速。切忌突然猛踏油门踏板（或猛拉油门加速杆）。作业装置手柄应放在“中位”。采用摩擦片式离合器分离或传递动力的装载机，起步后应立即将主离合器“接合”好，使之可靠接触，以免磨损或烧坏摩擦片。

变速时，如果齿轮相碰而挂不上挡，应先将变速杆放回中位，然后缓缓变动传动齿轮间的相对位置再挂挡。变速操纵杆扳动的位置应准确、可靠，以免造成事故。ZL50 型装载机采用行星式动力换挡变速箱。通过液压系统控制两个前进挡和一个后退挡，结构紧凑，结构刚度大，齿轮接触好，变速换挡方便，使用寿命较长。

装载机在行驶和作业过程中，根据要求需经常变换行驶方向。转向器和转向装置就是为了按照驾驶员的实际要求改变行驶方向或保持直线运行而设置的。偏转车轮式转向是最基本的转向方式，但不能急转向；差速式转向阻力大、磨损大、用得较少；铰接式转向转弯半径小，机动性高，结构简单。

ZL50 装载机具有铰接式机架，液压控制转向。转向器与

分配阀制成一体。分配阀的阀杆在中间位置时不转向，“推进”位置时向右转，“拉出”位置时向左转。

履带式装载机转向时，需操纵转向杆和制动踏板，使一侧履带不动，另一侧履带绕其转动来完成转向。急转弯时，可将制动踏板一次踏下不动；缓转弯时，可分数次踏下制动踏板。转向完成后，松开时的操作顺序应相反，即先松开制动踏板，再放开转向操纵杆。

装载机停车前应先使发动机怠速运转几分钟（800～1000r/min），以便各部均匀冷却。在气温低于0℃时，应打开放水阀，放完冷却系统中的积水，以防冰冻（如添加防冻液可不放水）。另外，停车前还应将铲斗平放地面，关闭电源总开关。

停车后需认真检查。各部螺栓有无松动或丢失，如有应及时拧紧或补齐；清除机器各部的附泥、尘土等物；有无漏油、漏水、漏气等情况，发现问题应及时解决；将柴油箱加满油；露天停放还要用油布将全机盖好。

1.2.4 作业

如前所述，装载机作业过程就是通过铲装、挖掘，并与运输车辆的有机配合，达到铲、装、运、卸物料的目的。

铲装散料时应使铲斗保持水平，然后操纵动臂操纵杆使铲斗与地面接触，同时，使装载机以低速度前进，插入料堆，再一面前进一面收斗，待装满再举臂到运输状态。如铲满斗有困难，可操纵转斗操纵杆，使铲斗上、下颤动或稍微举臂。挖掘时，应将铲斗转到与地面成一定角度，并使装载机前进铲挖物料或土壤。切土深度应保持在150～200mm左右。铲斗装满后，再“举臂”到距地面约400mm后，再后退、转动、卸料。

无论铲装或挖掘时，都要避免铲斗偏载。不允许在收斗或半收斗而未举臂时就前进，以免造成发动机熄火或其他事故。

作业场地狭窄或有较大障碍物时，应先清除、平整，以利正常作业。当铲装阻力较大，出现履带或轮胎打滑时，应立即停止铲装，切不可强行操作。若阻力过大，造成发动机熄火时，重新启动后应做与铲装作业相反的作业，以排除过载。

铲斗满载越过大坡时，应低速缓行，到达坡顶。机械重心开始转移时，应立即踏动制动踏板停车，然后再慢慢松开（履带式装载机此时应使履带斜向着地），以减小机械颠簸、冲击。

1.2.5 安全守则

① 作业前须认真检查各部件、组件。如润滑油和水是否缺少，有关部件是否正常，连接是否可靠，轮胎气压是否充足。经过周密检查后，再启动发动机，冷天启动要先预热，使水温达到30～40℃时，才能启动。启动时，由低速到高速逐渐起步。启动发动机的具体要求，参见发动机使用与维护说明书。

② 装载机运行中要结合道路情况及时变速。不能用高速挡走低速车，也不能用低速挡走高速车。

③ 发动、起步、行车都要缓踩油门，均匀加速，使发动机不冒黑烟，同时做到缓踩轻抬，不得无故忽踏忽放或连续煽动油门。

④ 行驶过程中，要精神集中，注意车、马和行人的动态，正确估计动向，必要时提前减速或停车。特别在郊区或农村地带，遇有牲畜车，要提前采取适当措施，预防牲畜惊车。在城市行车，要严格遵守交通规则，服从交通民警的指挥。

⑤ 安全礼让（让路、让速、挥手示意），中速行车。不得抢道行驶，不准乱停乱放。不开快车，不开带病车。严禁非司机开车。

⑥ 驾驶车辆要姿势端正，精心操作。起步、停车要稳，情况复杂，视线不清，遇到电、汽车或过铁道口、拐弯等都要减慢行车速度，靠右行。

⑦ 行驶中，铲斗里不准乘人、载货。

⑧ 掌握机械性能，勤调整，勤保养。

⑨ 工作时，一手握方向盘，一手握操纵杆球头，边起臂边收铲斗，也可直接收铲，两眼要注视前方，根据需要，及时、准确地开启或关闭操纵阀门。

⑩ 铲装货物时，前机架与后机架要对正，左右倾斜角不要小于160°钝角，铲斗以平为好。进车、收铲及油门的操纵要相适应。如遇阻力或障碍物应立即放松油门，同时，立即停止动臂和铲斗的工作，不准硬铲。

⑪ 装车时，动臂要提升到超过车厢200mm为宜。装载机应与被装货箱呈“丁字形”，同时，要特别注意距离，避免碰坏车厢、挡板等。

⑫ 卸料转斗时要握准手柄，慢推铲斗操纵杆，不得间断，使货物逐渐倾卸，形成“流沙式”。不准楞推操纵杆，使物料同一时间倾卸。倒车时要注意后面情况。可边收铲边起臂使起臂收铲交叉进行，不要单一进行，防止横杠及铲斗小拉杆折断。

⑬ 装车应在运行车辆厢槽的前后进行。货物要装均匀、装正，并要熟悉各种货物的重量，尽量做到不少装、不超载。

⑭ 严禁在前进中挂倒挡或倒车中挂前进挡，必须踩踏制动机构，停住或自然停住后换挡，避免机件损坏。

⑮ 装车间断时，不准重铲或长时间悬空等待。

⑯ 在软地面装车时，油门与车速要适当，不要猛冲、楞倒。左右转弯时，铲斗不要过高，保持机器运行平稳。

⑰ 夏天，由于天气火热或连续作业时间过长而引起发动机和液压油过热而造成机械工作“无力”，动臂提升很慢时，应立即停车休息，待发动机及液压油温度下降后再继续作业。

⑱ 装载机不准连续使用（如早班连中班连夜班）。亦不准长途行驶。外埠（或运距20km以上）作业须用其他车辆牵引

到现场。作业地点离存机场 10km 以上者需驻点。

⑲ 不得用装载机装冻土、片石、毛石、生铁等大块坚硬散装物资。因为阻力太大会严重损坏车辆。

⑳ 物料距离房屋或墙壁很近时不能作业。货流地面凹凸不平或陡坡较大时不能作业。

㉑ 每次作业完毕，应将机器停放在平整地带或专门的停机场，并将铲斗着地。

第2章 装载机操作使用技术

2.1 技术性能参数

（1）性能

斗容	$3.0m^3$
额定负荷	5000kg
动臂提升时间	≤6.2s
三项和	≤11s
各挡最高车速：	
前进Ⅰ挡	11km/h
前进Ⅱ挡	38km/h±2km/h
倒挡	14km/h
最大牵引力	160kN±8kN
最大挖掘机力	160kN±8kN
最大爬坡度	30°
最小转弯半径	
轮胎中心	5795mm
铲斗外侧	6775mm

几何尺寸如图 2-1 所示。

车长（斗平放地面）	8060mm
车宽（车轮外侧）	2750mm
斗宽	2976mm
车高	3467mm
轮距	2150mm

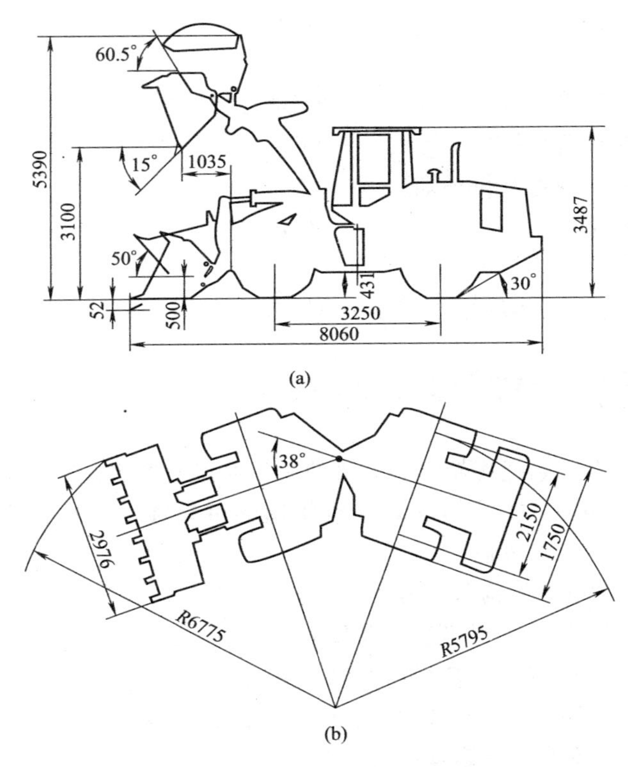

图 2-1　ZL50G 装载机机体尺寸图

最大卸载高度	3100mm
自重（带驾驶室）	17400kg

（2）发动机

型号（康明斯）	6CT8. 3-C215
额定转速	2200r/min
最大扭矩	872N・m/1500r/min
标定工况燃油消耗率	233g/kWh
燃油	10、0 或－10 号轻柴油

（3）加油容量

燃油	280L
液压油	210L
曲轴箱	22L
变速箱系统	45L
桥（差速及行星系）	
前桥	36L
后桥	36L
前、后加力器	4L

2.2 装载机安全驾驶技术

只有正确把握轮式装载机的操作要点，做到合理使用，认真保养维护，才能提高装载机使用的可靠性，延长其使用寿命，提高经济效益。

2.2.1 操纵机构和仪表

（1）ZL50G 操纵机构和仪表（见图 2-2）

（2）ZL50G 变速操纵位置（见图 2-3）

（3）ZL50G 工作装置操纵位置（见图 2-4）

2.2.2 安全注意事项

（1）人的注意事项

① 穿戴整齐的服装、帽子、安全帽、不要戴首饰等装饰物。

② 驾驶车辆时，要理解并正确地着装所有的保护用具，这些用具有安全帽、安全眼镜、安全鞋、手套、口罩、耳塞等。如图 2-5 所示。

③ 不要急躁。不要急跑，要步行。

④ 理解操作时的信号，指挥并正确地使用操作信号。

（2）驾驶员的一般注意事项

① 先阅读使用说明书，遵守正确的操作顺序。驾驶员必须具有驾驶资格。

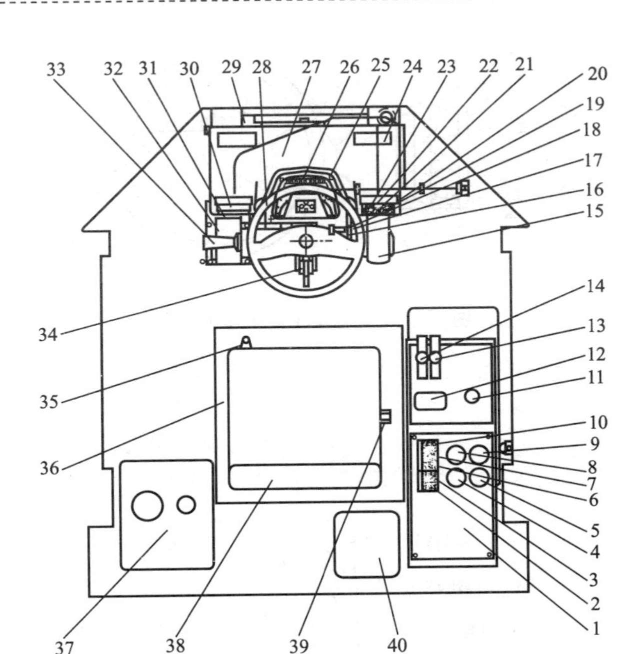

图 2-2　ZL50G 操纵机构和仪表图

1—电器控制箱总成；2—工作灯开关；3—小灯开关；4—制动气压表；5—电压表；6—后大灯开关；7—驻车灯开关；8—燃油油位表；9—小时计；10—动力切断选择开关（选用）；11—制动电磁阀开关；12—靠手垫；13—动臂操纵杆；14—转斗操纵杆；15—油门踏板；16—变光开关；17—电喇叭、转向指示灯组合开关；18—后雨刮开关；19—水洗马达开关；20—电锁；21—前雨刮开关；22—点烟器；23—强制滑润开关（选用）；24—风口（共 8 处）；25—仪表板底座；26—仪表板总成；27—前台；28—方向盘；29—空调蒸发器总成；30—冷启动按钮（选用）；31—空调控制面板；32—制动踏板；33—变速操纵手柄；34—方向机调节手柄；35—座椅前后位置调节手柄；36—工具箱；37—辅助箱；38—座椅；39—座椅上下位置调节手柄；40—水洗壶

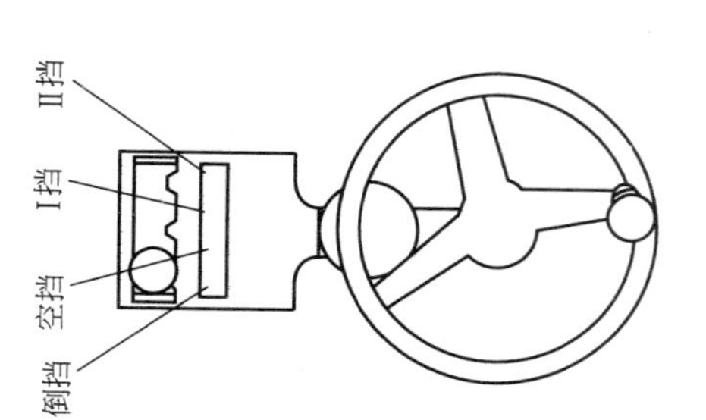

图 2-3 ZL50G 变速操纵位置

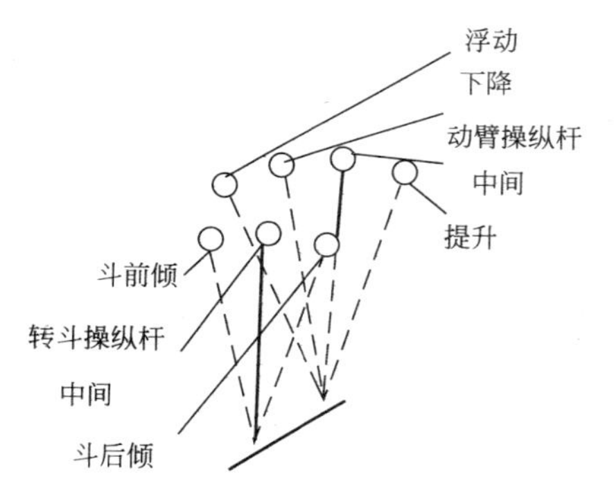

图 2-4 ZL50G 工作装置操纵位置

图 2-5 保护用具

② 系好安全带，最大限度地利用好防倾翻的保护性能（车辆配有该装备的情况下）。不允许卸下防倾翻驾驶室。

③ 驾驶员操作时不要承载其他人。

④ 安全带、侧板、门等保护用具，应整齐地装配在正确的位置上。

⑤ 车辆内的部件要正确地固定，车辆内不需要的物品要予以清理。

（3）上、下车时的注意事项

① 上、下车时使用扶手，脚踏板。扶手、踏板上的油污要及时清理干净。

② 不允许在车上随意跳下或不按规定上车。

③ 不要上、下正在移动中的车辆。另外在装载物品时也不要上、下车辆。如图 2-6 所示。

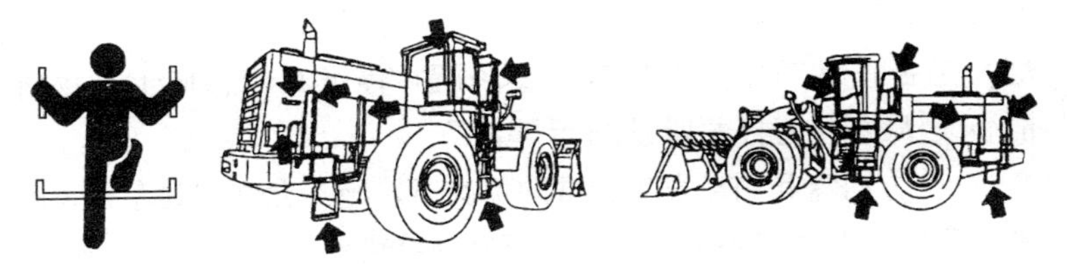

图 2-6

（4）启动、停止的注意事项

① 启动时要环视车辆的周围情况，尤其是周围的人员。确认好车辆的周围没有其余的人员后，方可启动装载机。

② 启动前确认好停车制动是否是有效制动，换挡杆是否处于中立位置。

③ 启动前调整好车辆的位置，系好安全带（安装有安全带的情况下）。

④ 在座椅上坐好后才能进行启动，在此以外的位置不能进行启动。

⑤ 不允许用导线直接来进行发动机启动。启动系统发生

故障时，要进行修理。

⑥ 点火导线按照指定的方法进行使用。错误地使用可能导致蓄电池的爆炸或使车辆开动起来。

⑦ 发动机的运转，一定要在换气能够十分畅通的场所进行，在密封的状态下不允许操作。

⑧ 尽可能将车停放在平坦的地面上，确认好停车制动是否已产生作用。在倾斜的地面上一定要止住车轮。

⑨ 离开座椅时，让换挡杆置于中立位置处，铲斗水平地接触地面。停车制动和起重操作杆自锁动作（操纵杆自锁位置），停下发动机。

⑩ 停车时，拔下开关处的钥匙并随身携带。

（5）操作时的注意事项

① 操作前确认好制动、油门、操纵杆（起重用，行驶用）的各种装置是否能够正常动作。确认好仪表、监视器（警告灯）是否正常动作，如果有不良场所，停下车辆，向不良场所的负责人进行汇报并听从指示解决。

② 方向盘和制动发生异常的情况下，绝不允许驾驶车辆，驾驶过程中，要立即停下车辆，直至修理结束前不允许驾驶车辆。

车辆停放时拔下钥匙，并固定好车辆，防止车辆移动。

③ 理解车辆的界限，进行正确的操作。

④ 注意车辆周围的状况，在条件允许的速度下进行操作，在凹凸地面、倾斜地面、转弯时要予以特别地注意。

⑤ 下坡时调整速度，不要行驶太快，不允许停下发动机。发动机停止后，方向盘的操作将变得非常重，制动踏板的操作也达到极限。如果发动机停下时，立刻拉起停车制动，将操作装置下降。车辆没有什么异常的话，立刻将发动机再次启动。

⑥ 当搬运不稳定的载荷，例如圆形或圆柱形的物体或层叠的板材，如果工作装置升高，载荷则有下落到驾驶室顶部的危险，造成严重的伤害或损坏。如图 2-7 所示。

图 2-7

⑦ 不要靠近高压电缆（如图 2-8 所示）。不能让机械触到架空的电缆，即使靠近高压电缆也能引起电击，在机器和电缆之间应保持表 2-1 所示的安全距离。

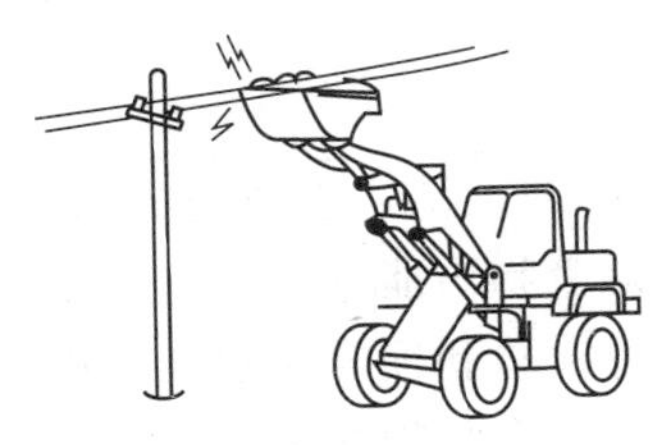

图 2-8

表 2-1 车辆靠近高压电缆的安全距离

	电　　压	最小安全距离
低压	100～200V	2m
	6600V	2m
高压	22000V	3m
	66000V	4m
	154000V	5m
	187000V	6m
	275000V	7m
	500000V	11m

（6）保养时的注意事项

① 在车辆进行保养时在驾驶室操纵杆或在机器四周粘贴

警告标签（如图 2-9 所示），以提醒他人设备正在检修。防止操作人员在保养机器或加油时，其他人启动发动机或操作控制杆造成人员伤亡。

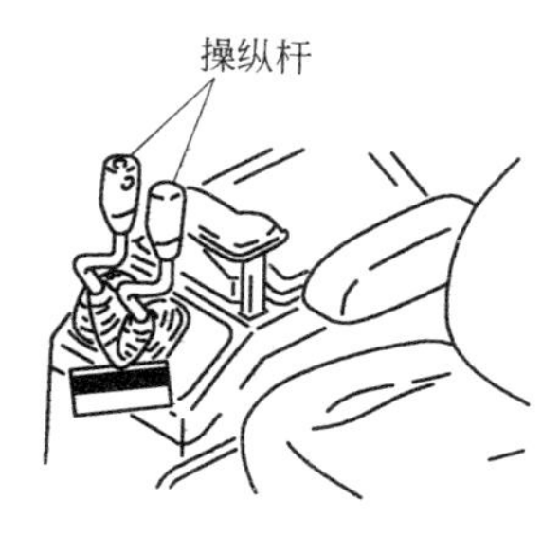

图 2-9

② 检验和保养前的清洁。在进行检验和保养之前要把机器弄干净。这可保证脏物不能进入机器，也可保证保养工作能安全进行。如果进行检验和保养时机器仍然是脏的，这就难以发现问题的地方，还会有脏物或淤泥溅入眼睛，以及滑倒或受伤的危险。

在清洗机器时要注意以下几点：

a. 穿上防滑鞋以防止在湿的表面上滑倒。

b. 当使用高压水去冲洗机器时，要穿上防护服。这将保护您不受到高压水的冲击，刺痛皮肤或让脏物或污泥溅入眼睛。

c. 不要把水直接喷在电气系统（传感器、连接器）上，如图 2-10 所示，如果水进入了电气系统，则有引起操作失灵的危险。

③ 检查散热器水位。当检查散热器水位时，要停止发动机，等发动机和散热器冷却下来。检查副水箱的水位，在正常情况下不要打开散热器顶盖。如果要取下散热器顶盖，可按照下列方法进行（图 2-11）：

a. 检查水位之前等散热器水温降下来。当检查水温是否

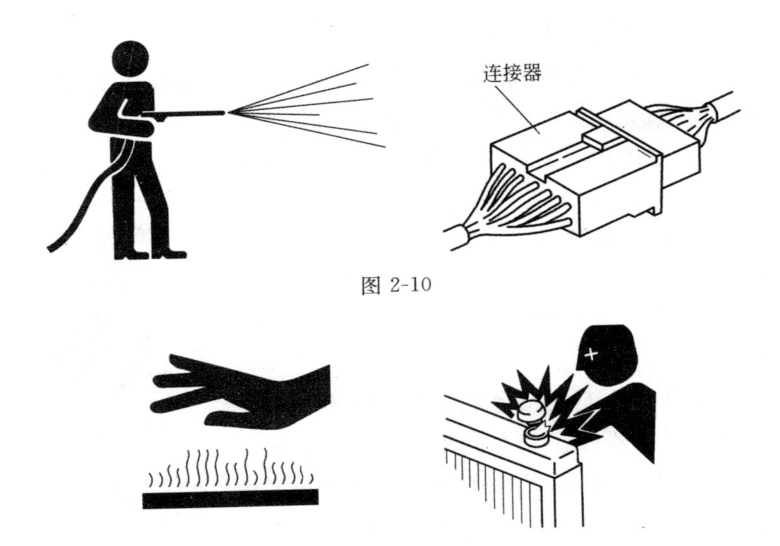

图 2-10

图 2-11

已降下时，可把手靠近发动机或散热器以检查空气温度，注意不能触到发动机或散热器。

b. 在取下散热器顶盖之前要把顶盖上的杆拉出，以释放内部压力。

④ 防止火灾。燃油和蓄电池气体在保养时有着火的危险，故在进行保养时应遵循以下的注意事项。

a. 燃油、润滑油和其他易燃材料的存放要远离明火。

b. 使用不燃材料作为清洗零件的冲洗油，不要使用柴油或汽油，它有着火的危险。

c. 检验和保养时不要吸烟，吸烟要在指定的地方。

d. 当检查燃油、润滑油或蓄电池电解液时，要使用有防爆规格的照明，绝对不能用打火机或火柴来照明。

e. 当在底盘上进行磨削或电焊时，要把任何易燃材料移到安全地方。

f. 在检验和保养地点一定要有灭火器。

⑤ 在进行保养时应注意以下几点：

a. 只有经过同意的人员才能对本机器进行保养和修理，未经同意的人员不准进入本区域。

b. 在进行磨削、焊接或使用大锤时要特别注意。

c. 把从机器卸下的附件放在一个安全的地方，使附件不会跌落。在附件四周放上栏杆，挂上“不准入内”的标记以防止未经同意的人员靠近。如图 2-12 所示。

图 2-12

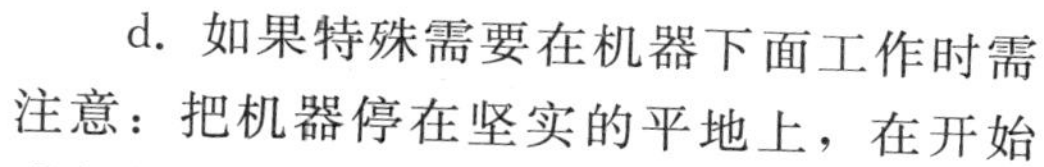

d. 如果特殊需要在机器下面工作时需注意：把机器停在坚实的平地上，在开始进行保养或在机器下面修理之前把所有工作装置都降至地面；用楔块将轮胎固定住；绝对不能在支撑不良的机器下面工作。如图 2-13 所示。

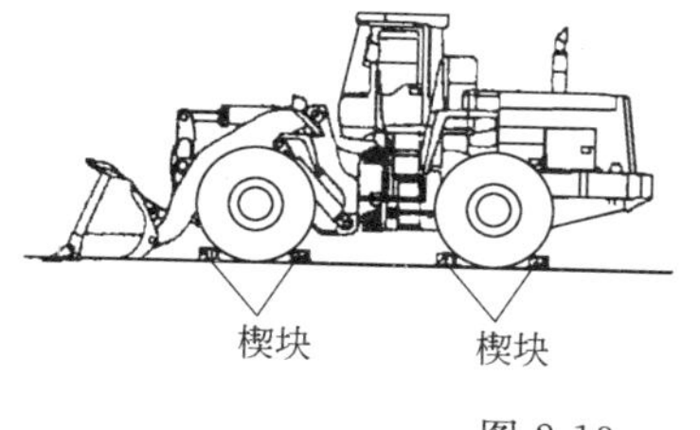

图 2-13

⑥ 发动机运转时的保养工作。为防止受伤，当发动机运转时不要进行保养工作，如果必须在发动机运转时进行保养，按下列方法进行：

a. 发动机运转时保养，必须一个人坐在操作座椅上，并准备随时停止发动机。

b. 当靠近旋转零件处进行作业时，应格外小心，以防止零件有被卷进去的危险。

c. 不要触动任何控制杆，如果一定要操作控制杆，则要向其他人员发出信号，警告他们走到安全的地方。

d. 绝对不让任何工具或身体的任何部分触到风扇叶或风扇皮带，这有严重的危险（图 2-14）。

图 2-14

⑦ 高压油的注意事项。当检验或更换高压管子或软管时，要检查液压油路里的压力是否已释放，如果油路仍有压力，则会导致严重伤害或损坏。故进行检验和保养之前要停止发动机，在压力完全释放之前绝对不要进行检验或更换，在保养时要戴上安全眼镜和皮手套。如果管子或软管漏油则管子、软管及其周围将是湿的，所以要检查管子和软管是否有裂纹，软管是否有隆起，以排除故障。如果被喷出的高压油击中，应立即进行治疗。如图 2-15 所示。

不正确

正确

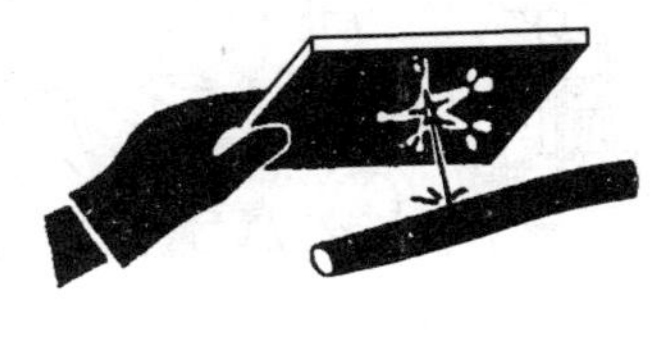

图 2-15

2.2.3 机器铭牌

初次使用装载机的各部位时，首先要理解标牌（铭牌）后方可进行操作。

贴在车辆上的标牌一般有两种，一种是关于驾驶操作、维护保养方面的，另一种是关于安全方面的。标牌对于驾驶车辆的操作人员来说，是必不可少的东西。标牌在车辆上的位置如图 2-16 所示。

各标牌相对应的名称如表 2-2 所示。

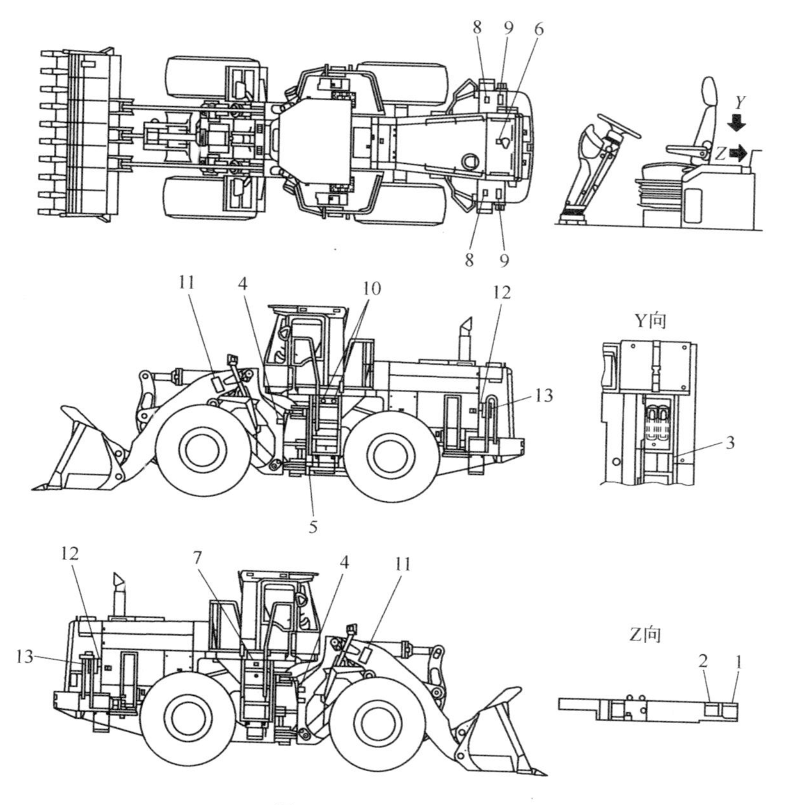

图 2-16　标牌位置图

图中 1～13 意义见表 2-2

表 2-2　各标牌名称

序号	标牌名称	标　牌　内　容
1	启动前的注意事项	警告:不正确的操作和维修会导致重伤或死亡;操作和维修前阅读说明书和标记;遵守说明书和标记上的指南和警告;将说明书放在驾驶室内接近操作人员的地方
2	安全锁操纵杆预防措施	警告:为避免撞到未上锁的操纵杆,从驾驶座起身前要将工作装置放低到地面,将安全锁操纵杆置于锁紧位置;机器突然的或意外的行走会造成重伤或死亡

续表

序号	标牌名称	标 牌 内 容
3	反向行走的注意事项	为避免重大伤亡事故的发生,在机器或其附件运动之前要注意做到:按响喇叭提醒周围人群;机器上面或附近不能有人;若视线受阻,使用专人观察;即使机器装有倒车警报和反光镜,也要按照以上要求去做
4	不得进入	危险:碾压危险,这会造成重大伤亡事故,机器在操作时,千万勿进入机器的铰链连接区域
5	安全棒的注意事项	警告:若安全棒没锁紧,机器在运输或吊运时会发生意外大转弯;突然大转弯会对旁观者造成重大伤亡;机器在运输或吊运时要始终锁住安全棒;若有必要,在回转或检修时要锁住安全棒
6	冷却剂在高温时的注意事项	高温水危险,为防止高温水溅出要关闭发动机,让水冷却,开水箱盖前慢慢拧松盖子释放冷却水压力
7	油在高温时的注意事项	警告:热油危险;为防止热油溅出关闭发动机,让水冷却,开盖冷却,开盖前慢慢拧松盖子,释放压力
8	使用蓄电池电缆时的注意事项	警告:不正确使用升压电缆和蓄电池线会导致爆炸,造成重大伤亡;使用升压电缆和蓄电池电缆时要遵守说明书的要求
9	处理蓄电池的注意事项	警告:蓄电池能产生氮气,如处理不当遇火会爆炸;充电时要保持通风良好,不能有短路和火花;蓄电池电解液如果溅到眼睛会造成失明,如果溅到眼镜、皮肤、衣物等应用大量的水来冲洗,如果不慎咽入电解液应大量喝水;溅入眼睛和不慎咽下电解液都应立即接受医生的治疗;蓄电池的液面如接近于低液位则应加水,在液位以上则不应加水
10	高压危险	危险:爆炸危险,远离明火,不能焊接或钻孔
11	不能在工作装置下面行走	此标记对机器附近的人发出警告,如果有任何人靠近已经抬起的提升臂或在铲斗下行走,应发出警告,阻止人员靠近
12	“当发动机运转时不要打开”标记	当发动机运转时不要把盖打开
13	“不要靠近机器”标记	此标记对机器周围的人发出警告,如果有任何人靠近机器应警告不让接近

2.3 驾驶装置的使用

(1) 机器的监测器

① 机器监测器的组成　装载机的监测系统由主监测器和保养监测器组成如图 2-17 所示，以图 2-17 所示的装载机监测器从功能上可分为报警显示部分（B、E）和仪表显示部分（A、C、D）和选购显示部分（F）。

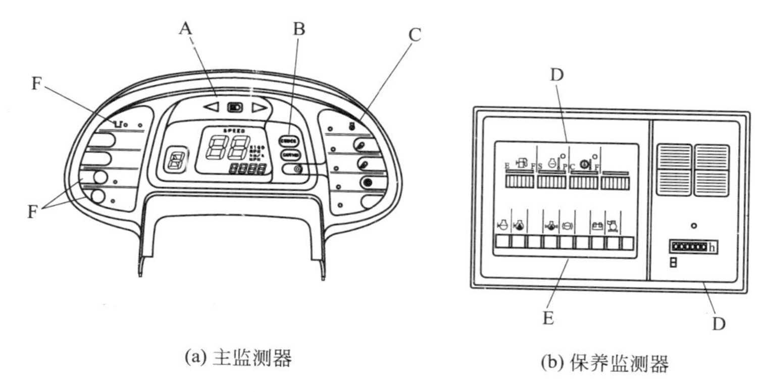

(a) 主监测器　(b) 保养监测器

图 2-17　装载机的监测系统

a. 报警显示部分（B、E）。由中央检查灯（检查）、中央警告灯（注意）和警告指示灯（发动机水位、发动机油位、制动器油压力、发动机油压力、蓄电池充电和空气滤清器堵塞）组成。

b. 仪表显示部分（A、C、D）。这部分包括各种仪表（速度表、燃油计、发动机水温计、扭矩转换器油温计、小时表、变速箱变速指示器）和指示灯（转向信号指示器、车头灯高光束、预热、前工作灯、后工作灯、变速箱切断、停放制动）。

c. 机器监测系统的试验启动。发动机启动前如果把启动开关转到 ON 位置，则所有的监测器灯、仪表和中央警告灯都会发亮约 3 秒钟，报警蜂鸣器会响约 1 秒钟。这时，速度表上会显示“88”，变速箱变速指示器上会显示“8”，最后出现嘟嘟两声，表示监测器检查已经完成。如果监测器灯不亮，则可能有故障或断路，应进行检查。当启动开关转到 ON 位置时，如果方向操纵杆不在空挡位置，则中央警告灯将闪烁，报警蜂鸣器将发出间歇的响声。若遇到这种情况，可把方向杆扳回到空挡位置，灯就会熄灭，蜂鸣器也不会响。发动机停止 30 秒钟后，监测器检查就不能进行。

② 警告显示器（如图 2-18 所示）

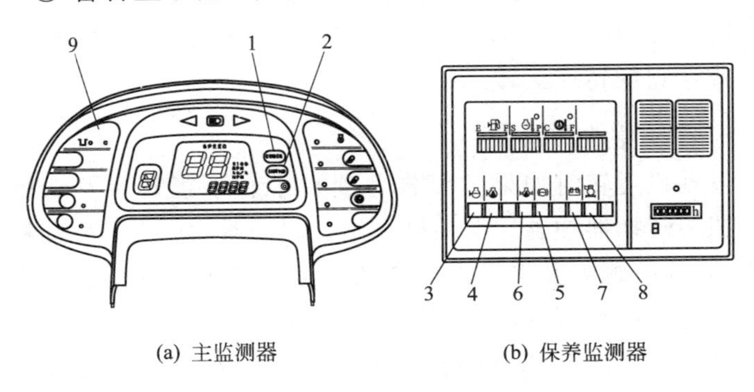

(a) 主监测器　　(b) 保养监测器

图 2-18

1—中央检查灯；2—中央警告灯；3—发动机水位警告灯；4—发动机机油油位警告灯；5—制动器油压力警告灯；6—发动机油压力警告灯；7—充电监测器；8—空气滤清器堵塞部分；9—紧急转向操作监测器

a. 中央检查灯，如果此显示灯闪烁，应尽快对相应部位进行检验和保养。

(检查) 中央检查灯

在发动机启动之前如果在“检查”中发现有任何不正常情况（发动机油位、发动机水位），不正常部位的监测器灯将闪烁，中央“检查”灯也将闪烁。

检查监测器灯发亮的部位，并在启动之前进行检查。在启动前进行检查时，不能简单依赖于监测器。要进行规定的保养项目检查。在启动前进行检查时，如果发动机油位不正常，当发动机启动后，发动机油位就会有变化，所以，即使有任何不正常，中央检查灯和监测器灯就将停止闪烁。如果发动机水位不正常，当发动机启动后，中央检查将熄灭，但与此不同，中央警告灯将闪烁，报警蜂鸣器将间歇作响。

发动机运转时如果蓄电池充电系统出现不正常，则蓄电池充电警告指示灯会闪烁，中央检查灯也会同时闪烁，如果此灯闪烁，则应对充电电路进行检查。

b. 中央警告灯，如果中央警告灯闪烁，立即将发动机停止，或让它低转速运转。

(注意) 中央警告灯

发动机运转时如果“警告”项目中有不正常（发动机水温、扭矩转换器油温、发动机水位、制动器油压力、发动机油压力），报警蜂鸣器将发出间断的响声，不正常部位的监测器灯会闪烁，中央警告灯会闪烁。

发动机运转时如果燃油计进入到红色范围，燃油计将闪烁，中央警告灯也会闪烁。如果这些灯闪烁，应检查燃油油位和加油。

c. 发动机水位警告灯，当它闪烁时是警告操作人员，散热器里的水位已降低。

发动机水位警告灯

当启动前进行检查时，散热器里的冷却液液位如果低，警告灯和中央检查灯将闪烁。如果监测器灯闪烁，应检查散热器里的冷却液液位和加水。

当操作时，如果情况正常，警告指示灯应熄灭。如果散热器里的冷却液液位低，警告指示灯和中央警告灯将闪烁，报警蜂鸣器会发出间断的响声。

如果监测器灯闪烁，则应把发动机停止，检查散热器里的冷却液液位和加水。在进行本检查前应把机器停在水平的地面上。

d. 发动机油位警戒指示灯，这是警告操作人员，发动机油盘内的油位已降低。

发动机油位警戒指示灯

当启动前进行检查时，如果发动机油盘内油位低，则警告指示灯和中央检查灯将闪烁。如果监测器灯闪烁，应检查发动机油盘内的油位并加油。

当操作时，即使启动前进行检查时发动机油位警告指示灯在闪烁，只要发动机一启动，灯就会熄灭。

e. 制动器油压力警告指示灯，这是警告操作人员制动器油压力已降低。

制动器油压力警告指示灯

当启动前进行检查时，当发动机被关闭时，制动器油压力电路不起作用，所以警告指示灯和中央检查灯也就熄灭。

当操作时，如果制动器油压力下降，警告指示灯和中央警告灯将闪烁，报警蜂鸣器将间歇报警。如控制器灯闪烁时，应立即关闭发动机，检查制动器油压力电路。

发动机启动后，监测器灯将闪烁，10 秒钟后又熄灭，这是因为压力已存储在制动器储压器内，这不表示有任何不正常现象。

f. 发动机油压力警告指示灯，这是警告操作人员，发动机润滑油压已下降，如果该灯闪烁，则要关闭发动机并进行检查。

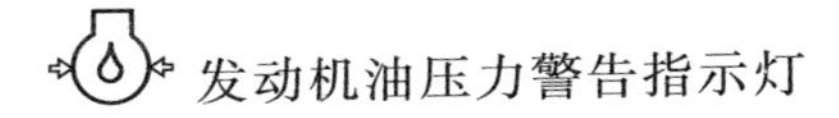

启动前检查，灯亮。发动机启动或运转时，当发动机已启动，润滑压力已形成，灯熄灭。如果发动机润滑压力下降，警告指示灯和中央警告灯将闪烁，报警蜂鸣器将间歇报警。

g. 蓄电池充电指示灯，这是警告操作人员，发动机在运转时充电系统有异常。

蓄电池充电指示灯

启动前此灯是亮的，发动机启动时，交流电机产生电源的灯熄灭，若充电系统出现异常，警告指示灯和中央检查灯将闪烁，若这样，则要检查充电电路。

h. 空气滤清器堵塞部分指示灯，当发动机在运转时，该灯提醒操作人员，空气滤清器滤芯已堵塞。

空气滤清器堵塞部分指示灯

如果空气滤清器已堵塞，警告指示灯和中央检查灯将闪烁。如果灯闪烁，要清洗或更换滤芯。

i. 紧急转向指示灯（选用件）这表示当机器行走时主泵工作正常。

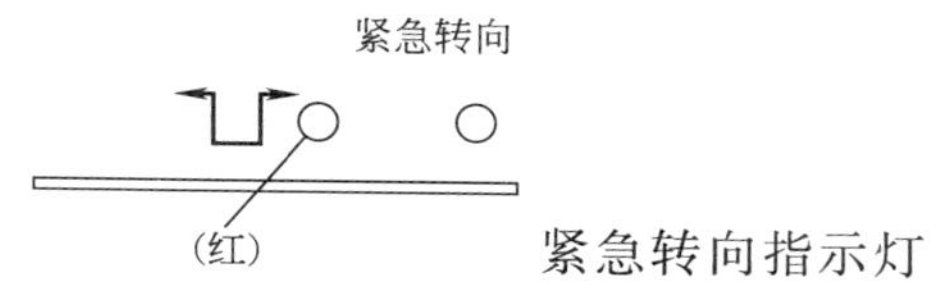

紧急转向指示灯

如果机器在行走时发动机停止，或在泵回路中有不正常现象，监测器则闪烁以表示紧急转向系统已启用。如果监测器闪烁，应立即把发动机停止下来。

③ 仪表显示部分　指示灯显示，当启动开关在ON位置时，只要显示项目起作用，指示灯就会亮起。如图2-19所示。

仪表显示部分内容如表2-3所示。

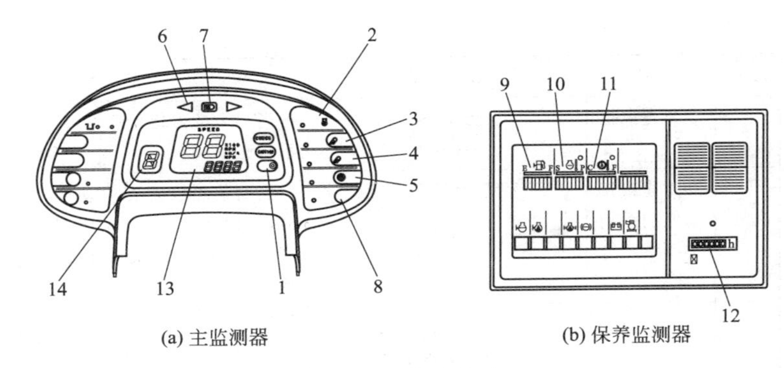

(a) 主监测器　　(b) 保养监测器

图 2-19　仪表显示

图中 1～14 意义见表 2-3。

表 2-3　仪表显示部分内容

序号	名称	图　示	功　能
1	停放制动指示灯	停放制动 (P)	当施加停放制动时，该灯就亮
2	预热和后预热指示灯	预热 ○ ON	当使用自动点火系统和进行启动时灯亮，表示预热已开始。当在寒冷天气使用自动点火系统和进行启动时，在发动机启动后，该灯会闪烁，直至水温达到 20℃，表示预热已开始
3	前工作灯指示灯	工作灯 ○ 前	当打开工作灯时，本指示灯亮
4	后工作灯指示灯	工作灯 ○ 后	当后工作灯打开时，此指示灯亮
5	变速箱切断指示灯	变速箱切断 ○	当变速箱切断开关在 ON 位置时，此指示灯亮。如果监测器灯亮，并且左刹车踏板被踩下，则变速箱返回到空挡
6	转向信号指示灯		当转向信号灯闪烁时，此指示灯亮

续表

序号	名称	图　示	功　能
7	高光束指示灯		当车头灯为高光束时，此指示灯亮
8	变速箱自动换挡手动选择指示灯（选用）	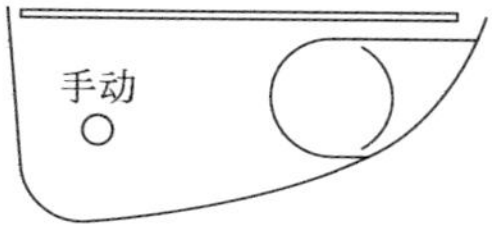 手动	当变速箱设定在手动选择时，此指示灯亮。当监测器发亮时，就可以用变速杆进行变速
9	燃油计	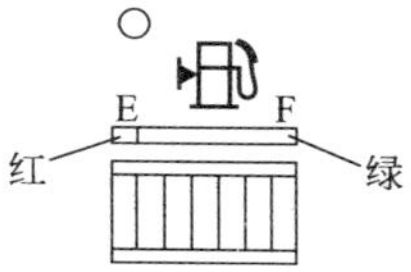 E F 红 绿	表示燃油箱内的燃油量，E表示油箱是空的，F表示油箱是满的
10	发动机冷却水温度计	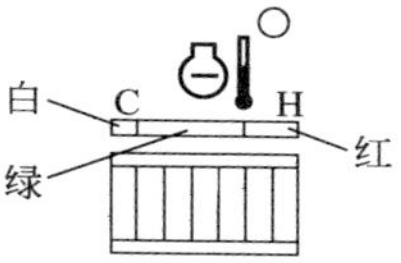 白 C H 绿 红	显示冷却水温度，若温度正常，绿色范围将发亮。若操作时红色范围的灯亮，机器应停止，让发动机以中速空载运转，直到绿色范围发亮
11	扭矩转换器温度计	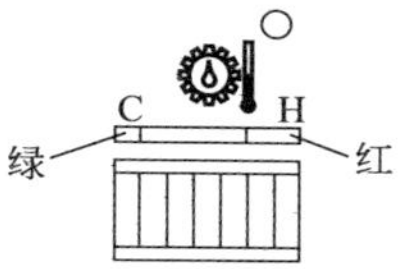 C H 绿 红	显示扭矩转换器的温度，操作时温度正常，绿灯会发亮，若操作时红灯亮，则应把机器停止，让发动机中速空载运转直到绿灯亮起
12	小时表	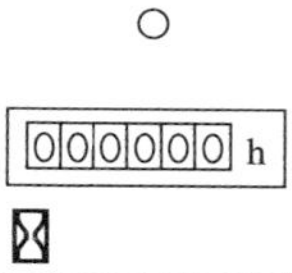 000000 h	显示机器总的工作小时数，只要发动机运转，即使机器没有行走，小时表也运行
13	速度表		显示机器的行走速度
14	变速箱换挡显示器	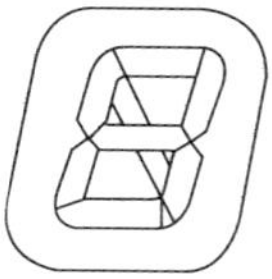	显示变速箱当时的速度范围

（2）控制杆、踏板（图 2-20）

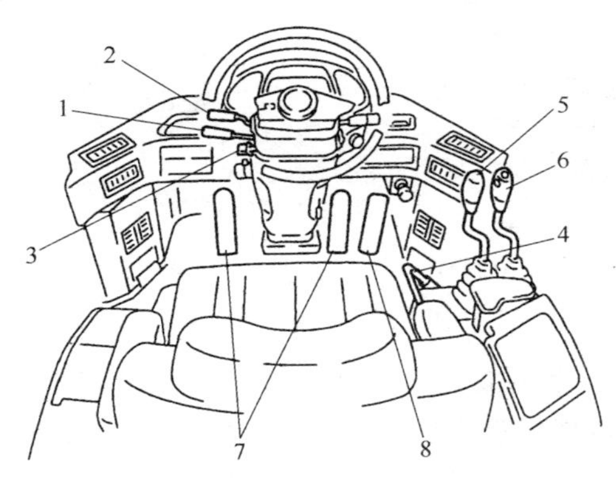

图 2-20 控制杆、踏板总体图

1—速度控制杆；2—方向杆；3—速度控制杆止动块；4—安全锁定杆；5—铲斗控制杆；6—提升臂控制杆；7—制动踏板；8—加速踏板

① 速度控制杆 速度控制杆用以控制机器的行走速度，把速度控制杆放置到合适的位置可得到所希望的速度范围，第一挡和第二挡用于作业，第三挡和第四挡用于行走。如图2-21所示，当时如果使用3速度控制杆止动块时，就不能换挡到第三挡和第四挡，因此要在换挡之前先把速度控制杆止动块脱开。

② 方向杆 方向杆用于改变机器的行走方向，如果方向杆不在N位置，发动机不能启动。如图 2-22 所示，位置 1：向前；位置 N：空挡；位置 2：后退。

③ 速度控制杆止动块 速度止动块是为了防止机器在进行作业时，速度控制杆进入到第三挡位置。如图 2-23 所示，位置 1：止动块起作用；位置 2：止动块松开。

④ 安全锁定杆 当离开驾驶室时，要把安全锁紧杆牢固地放置到“锁紧”位置。如果控制杆没有锁紧，可能会因不小

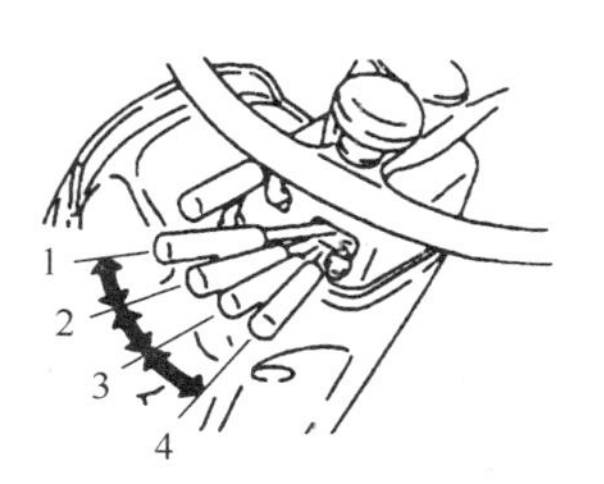

图 2-21　速度控制杆

1～4 表示第一挡～第四挡

图 2-22　方向杆

1—向前；2—后退；N—空挡

心触动造成严重事故。安全杆没有牢固地放置到“锁紧”位置，控制杆可能没有正确地锁紧，应按图 2-24 所示进行检查，当停放机器或进行保养时，要把铲斗降到地面上并锁紧。

图 2-23

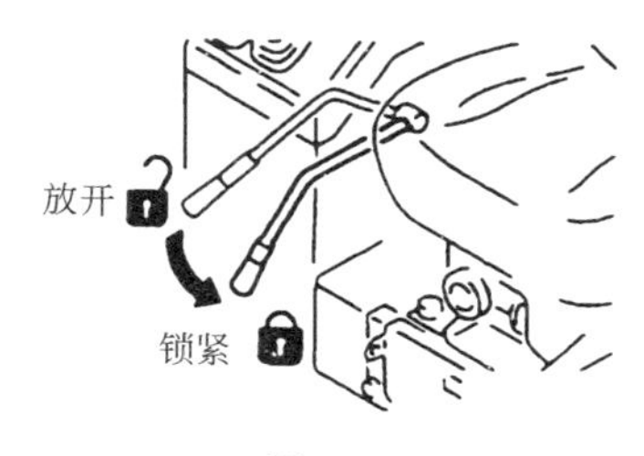

图 2-24

⑤ 铲斗控制杆　铲斗控制杆用于操作铲斗，如图 2-25 所示，位置 1：倾斜，当铲斗控制杆从“倾斜”位置再拉一下时，控制杆就停在这个位置，直至铲斗到达定位器的预设定位置，控制杆就返回到“保持”位置；位置 2：保持，铲斗保持

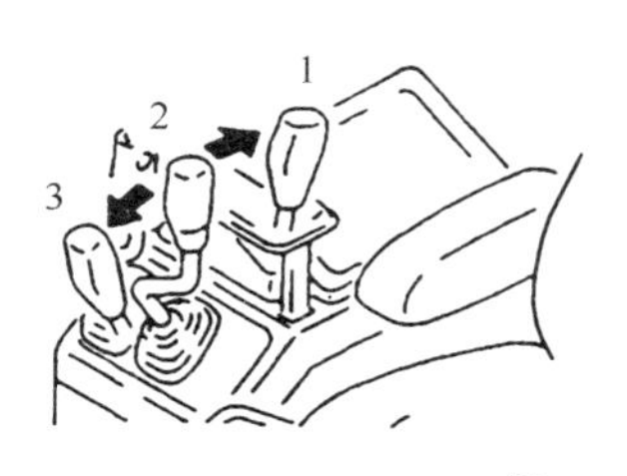

图 2-25

在同一个位置；位置 3：卸料。

⑥ 提升臂控制杆　提升臂控制杆用于操作大臂。如图 2-26所示，位置 1：提升，当提升臂控制杆从“提升”位置再拉一下时，控制杆就停在这个位置，直至提升臂到达踢出的预设定位置，控制杆就返回到“保持”位置；位置 2：保持，提升臂保持在同一个位置；位置 3：下降；位置 4：浮动，外力可使提升臂自动移动。

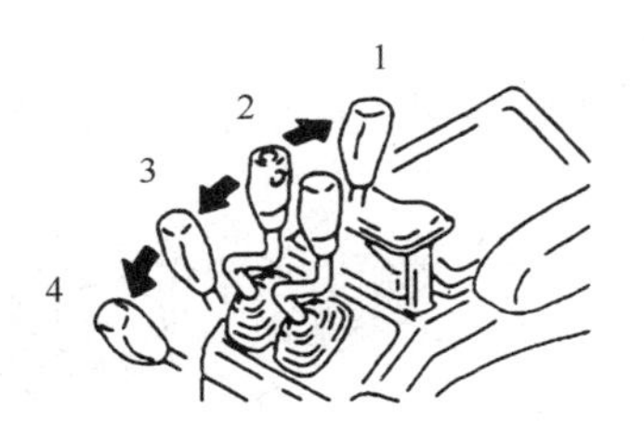

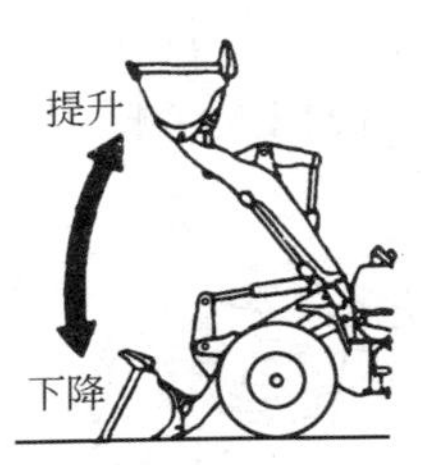

图 2-26

⑦ 制动踏板　下坡行走或需要制动时踩下制动踏板。如图 2-27 所示，右制动踏板操作车轮制动器，并用于正常制动，左制动踏板操作车轮制动器，如果变速箱切断开关是在 ON 位置，它也能使变速箱返回到空挡。如果变速箱切断开关在 OFF 位置，左制动踏板的作用与右制动踏板相同。

⑧ 加速踏板　在车上位置如图 2-28 所示，加速踏板用以控制发动机速度和输出，发动机速度可以在低速慢车和全速之间自由控制。

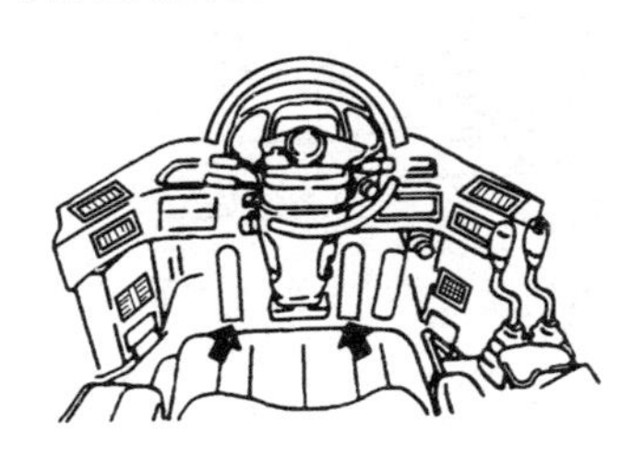

图 2-27　制动踏板位置图

图 2-28　加速踏板位置图

（3）转向柱倾斜操纵杆

如图 2-29 所示，此操纵杆可以让转向柱向前倾斜或向后倾斜，把操纵杆向上拉，把方向盘移动到所需要的位置，然后把操纵杆向下推以把方向盘的位置锁紧。转向柱的调整范围在 0～100mm。

（4）安全杆（车架锁）

在对机器进行保养或运输时要使用安全杆，在正常行走作业时要把安全杆卸下，如图 2-30 所示，在对机器进行保养或运输时要使用安全杆，它把前机架锁住，防止前机架和后机架弯曲。

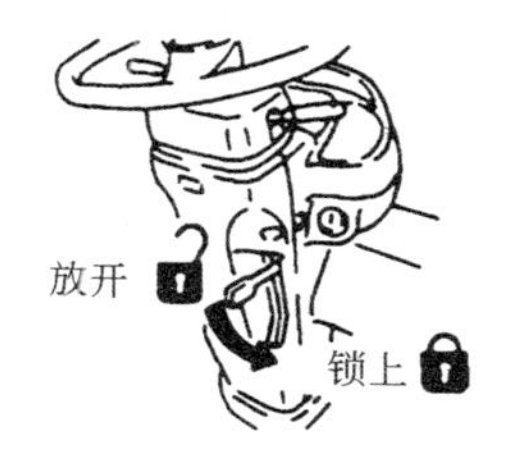

图 2-29　转向柱倾斜操纵杆

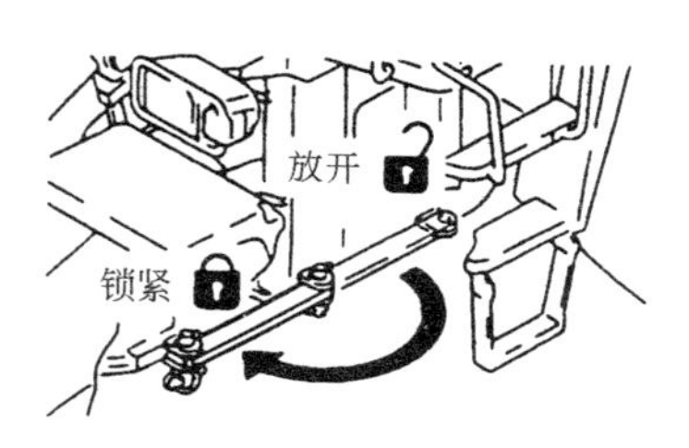

图 2-30　安全杆

（5）牵引销

牵引销主要用于固定牵引用绳索，位置如图 2-31 所示，牵引销 1 插进配重上面的孔 2 中，用保险销 3 来卡住，使牵引销不会脱落。

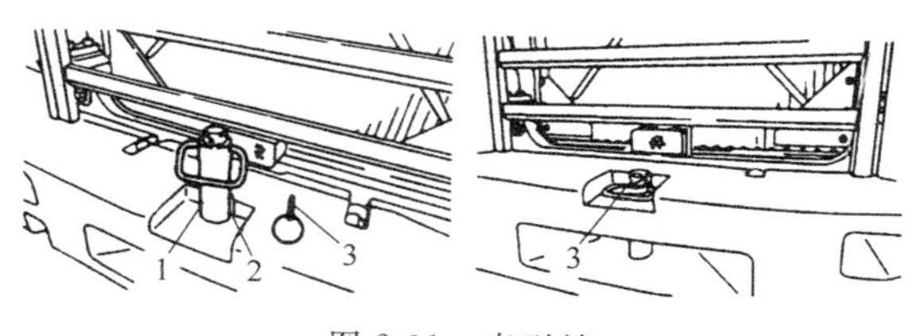

图 2-31　牵引销

（6）保险丝

保险丝用以保护电气设备和电路免于烧损，如果保险丝已受腐蚀或可以看见有白色粉末，或保险丝固定器上的保险丝已松动，则应更换新的保险丝，更换保险丝之前一定要把启动钥匙开关转到 OFF 位置，更换的保险丝容量一定要相同。

保险丝容量和电路名称以 WA600 型装载机为例如表 2-4 所示，位置及标号如图 2-32 所示。

表 2-4 保险丝容量和电路名称

序号	保险丝容量	电路名称
1	20A	主灯电路
2	20A	倒车灯、制动灯
3	10A	转弯信号指示器灯
4	10A	右车头灯
5	10A	左车头灯
6	10A	右侧间隙灯
7	10A	左侧间隙灯
8	10A	停放制动器
9	10A	变速箱控制
10	10A	仪表盘
11	10A	工作装置定位器
12	10A	启动开关
13	20A	危险灯
14	10A	发动机停止电动机
15	10A	自动加润滑脂(备用)

(7) 熔断器

当启动开关转到 ON 位置，如果没有电，熔断器保险丝就可能烧断，因此要进行检查和更换，熔断器保险丝位于机器左侧在发动机旁边，如图 2-33 所示。

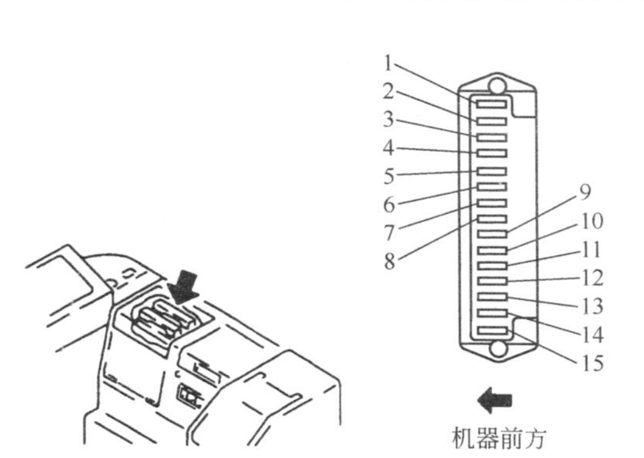

图 2-32　保险丝位置图

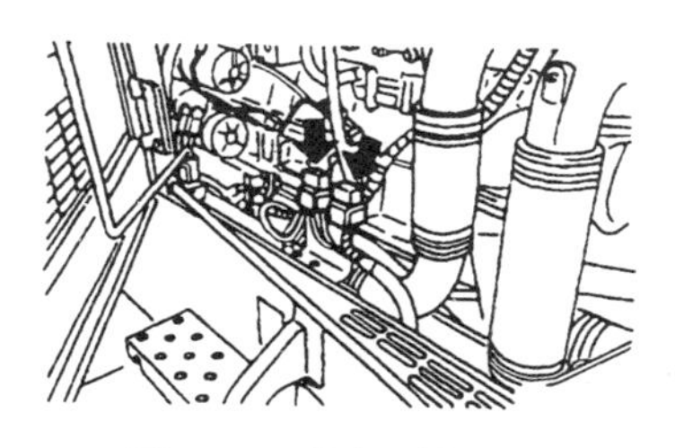

图 2-33　熔断器位置图

2.4　安全驾驶

2.4.1　操作前的检查调整

（1）新车时的操作

新车是通过各种检查和“适应驾驶”后才出厂的。如果在刚开始使用时，要能进行“适应驾驶”的话，可以使车辆在以后使用时既能保持好的质量，又能经济实用。

新车时（100 小时），请一定要遵守以下事项进行驾驶：

a. 进行操作前点检（发动机启动前点检）；

b. 启动时与外部气温无关，充分地进行暖机操作；

c. 发动机不允许高速空转（无负载高速转动），不允许进行急起步、急旋转、不必要的急制动等操作。

（2）发动机启动前巡视检查

启动发动机之前，巡视机器及机器下方，检查螺栓螺母是否松动，润滑油、燃油或冷却水是否泄漏，并检查工作装置和液压系统的工作状态。检查工作时温度高的部位是否有尘土。

每日启动发动机之前始终都要按下述方式进行。

a. 检查工作装置、油缸、连杆机构和软管是否有损坏、磨损和间隙。检查工作装置、油缸、连杆机构或软管是否有裂纹、过度磨损或间隙。

b. 清理发动机、蓄电池和散热器周围的污物和尘土。检查发动机或散热器周围是否积聚污物或尘土。检查蓄电池或发动机的高温部件，如发动机消声器或涡轮增压器的周围是否堆积有易燃材料（如枯叶、细枝、小草等）清理所有此类赃物或易燃材料。

c. 检查发动机周围是否漏水或漏油，检查发动机是否漏油，冷却系统是否漏水。若发现异常，及时维修。

d. 检查变速箱、轴、液压油箱、软管、接头等是否漏油。检查并确认各部件不漏油若发现异常，及时维修。

e. 检查制动器管线是否漏油，检查并确认不漏油。若发现异常及时维修。

f. 检查轮胎是否损坏或磨损，安装螺栓是否松动。检查轮胎是否有裂缝或剥落，车轮（侧轮圈、轮圈底部、锁紧环）是否有裂纹或磨损。拧紧任何有松动的螺母。若发现异常，及时修理或更换部件。如果气门顶盖已丢失，应装上新的。

g. 检查扶手，阶梯是否损坏，螺栓是否松动。损坏要及时维修，拧紧有松动的螺栓。

h. 检查计量仪、监测器是否受损，螺栓是否松动。检查并确保操作室内计量和监测器没有损坏。若发现异常，更换部件。擦净表面尘土。

i. 检查空气滤清器的安装螺栓是否松动。检查任何有松动的安装螺栓，必要时拧紧螺栓。

检查蓄电池端子是否有松动，把有松动的端子拧紧。

j. 检查座椅安全带和设备，检查用以把座椅安全带安装在机器上的设备是否有松动了的螺栓，如有必要则拧紧。紧固扭矩：24.5N·m±4.9N·m，如果安全带已有损坏或开始起毛，或者安全带夹持器已有损坏或变形，应该用新的来更换。

k. 检查驾驶室窗户，把驾驶室窗户擦干净，保证在操作机器时有良好的视野。

l. 检查轮胎，为保证安全以下轮胎不要使用。

磨损：

- 轮胎剩下的胎面沟深度已不足新轮胎的15%。
- 轮胎磨损很不均匀或有台阶形的磨损。

损坏：

- 轮胎有塑性变形已到达帘布，或在橡胶部分有裂纹。
- 轮胎的帘布已断裂或松散。
- 轮胎的表面已剥落（分离）。
- 轮胎的撑轮圈已损坏。
- 漏气的或已经过修补的无内胎的轮胎。
- 轮胎已经老化、变形和有不正常损坏、似乎已不能使用。

（3）发动机的启动前检查

① 检查监测器仪表盘。

a. 将启动开关置于ON位置。如图2-34所示。

b. 检查所有监测器灯、计量仪和警告灯是否亮约3秒钟，报警蜂鸣器是否响约1秒钟。如图2-35所示。

不仅要使用监测器来进行检查，还要对需要定期检查的项目进行检查。

② 检查冷却液的液位，及时加水。

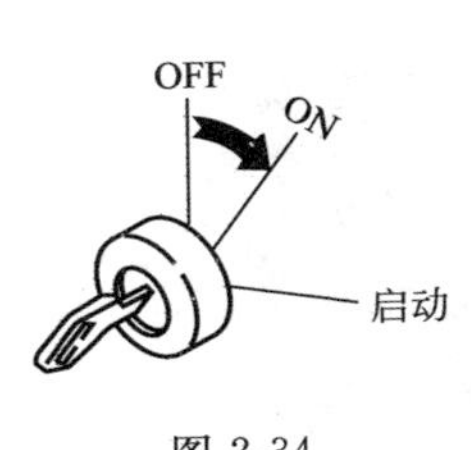

图 2-34

图 2-35

a. 当启动开关转到 ON 位置，如果冷却液警告灯和监测器灯闪烁，可把位于机器后面的散热器顶盖 1 取下（如图 2-36 所示）检查冷却液是否超过图 2-37 的阴影部分。如果冷却液液位低则加水。

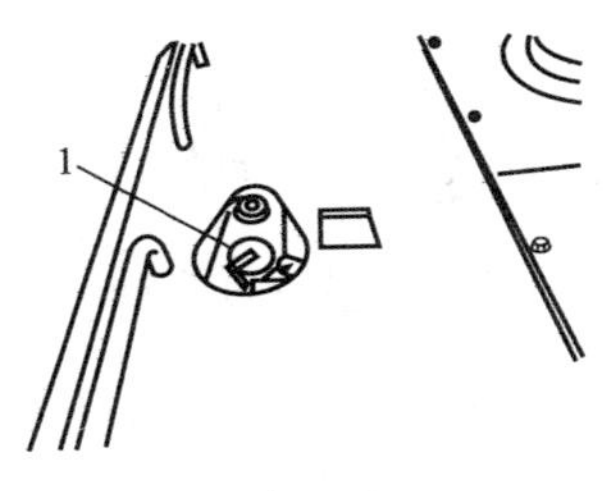

图 2-36

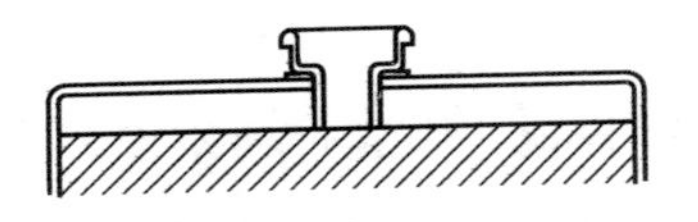

图 2-37

b. 加水之后把顶盖牢固地拧紧。如果加的冷却液多于正常，则要检查是否可能漏水。确认冷却液中没有油。

③ 检查发动机油底盘油位并加油。

打开机器后方右侧的检验口，拿起油尺 G，用布擦净油渍，将油尺 G 完全插入注油管，然后取出。油尺位置图见图 2-38，油位应在油尺 G 上的 H 和 L 之间，如图 2-39 所示。

油尺的两面都有油位标记。一面给出的油位是用以测量发

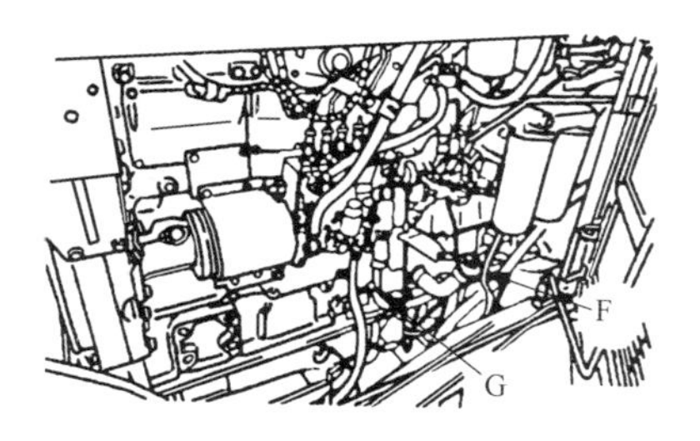

图 2-38

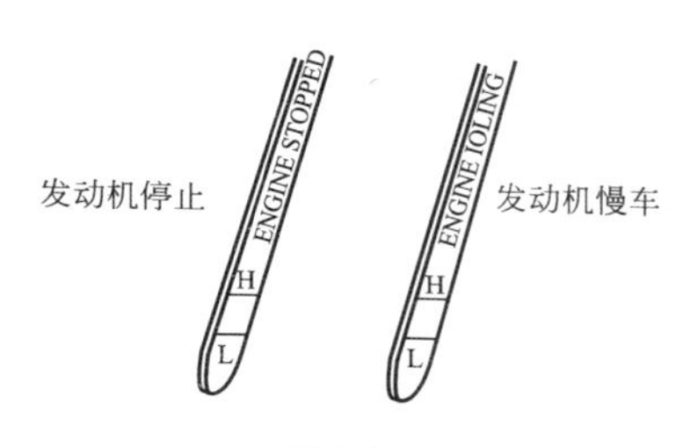

图 2-39

动机停止时的油位（发动机停止），另一面给出的油位是用以测量发动机在慢车运转时的油位（发动机慢车）在测量油位时，如果测量时发动机已停止，则使用油尺上刻有“发动机停止”的一面。

若油位高于 H 标记，则通过油塞 P 将多余油排出，油塞 P 位置图如图 2-40 所示，再检查油位。若油位适当，则将注油盖牢牢拧紧，然后把检验窗关上。

图 2-40

若在发动机工作之后检查油位，则应在关闭发动机之后，至少等待15分钟才能检查油位。当发动机在慢车运转时，检查油位是允许的，但要满足以下事项：

检查发动机的水温计是在绿色范围。

使用油尺上刻有“发动机慢车”的一面。

把加油口顶盖取下。

④ 检查燃油油位，加燃油。

把发动机启动开关转到ON位置，然后用燃油计G检查燃油油位。检查之后，让启动开关返回OFF位置。燃油计G位置如图2-41所示。

工作完成以后，从加油口F加燃油，直至把燃油箱加满。加油口位置如图2-42所示，加燃油结束后，把顶盖牢固地拧紧。

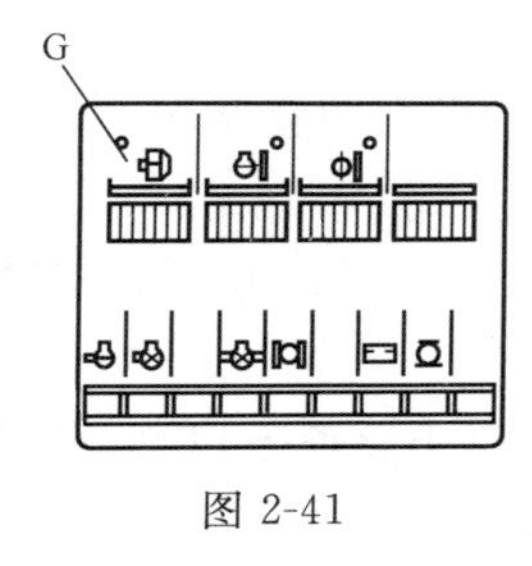

图2-41

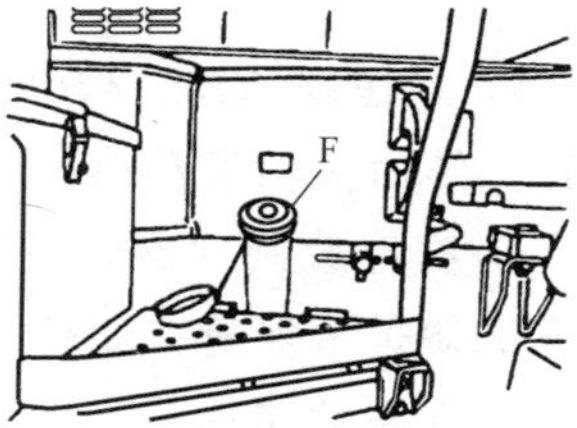

图2-42

⑤ 检查电气线路。

检查保险丝是否有损坏或容易不符，检查电气线路上是否有断路或短路的现象，还要检查各端子是否有松动，把有松动的零件拧紧。要特别认真检查“蓄电池”、“启动电动机”和“交流发电机”的线路。当进行巡视检查或启动前检查时，要检查蓄电池周围是否堆积有易燃材料，并把这些易燃材料清除。

⑥ 检查停放制动器的功能。

检查测量条件：

a. 轮胎充气压力：规定的压力；

b. 道路表面必须是干燥铺砌路面，带 1/5 斜度；

c. 机器保持工作状态。

测量方法：

a. 启动机器，使机器直接面向前方，然后使带空铲斗的机器驶上 1/5 斜度的道路，如图 2-43 所示；

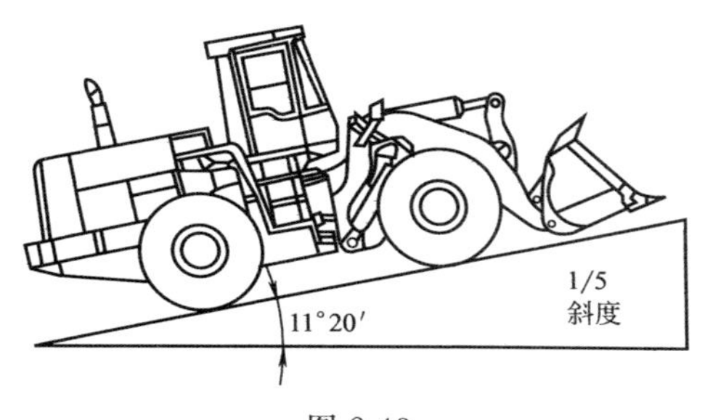

图 2-43

b. 踩住制动器，停止机器行走，将方向操纵杆返回空挡位置，然后关闭发动机；

c. 将停放制动器开关置于 ON 位置，慢慢放开刹车踏板，检查机器是否保持在原位。

检查制动器功效：在干燥平整混凝土路面上以 20 公里/小时速度驱动机器，检查停车距离是否小于 6.5 米。

⑦ 检查油水分离器里的水和沉积物。水分离器可把混杂在燃油里的水分离出来，如果浮子 2 已达到红线 1 或已在红线之上，则需把水排出，如图 2-44 所示。即使已安装了水分离器，也一定要检查燃油箱，以把燃油里的水和沉积物及时清除。

（4）操作前的调整

① 驾驶座椅的调整　调整驾驶座椅时注意，将机器停放在安全的地方，关闭发动机。要在操作机器前或换驾驶员时调整座位，当身体背部靠着座椅靠背时，检查一下是否能把制动踏板完全踏下。座椅调整示意图如图 2-45 所示。

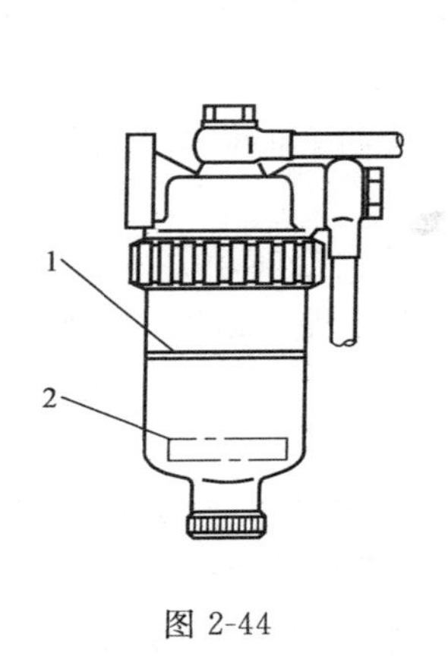

图 2-44

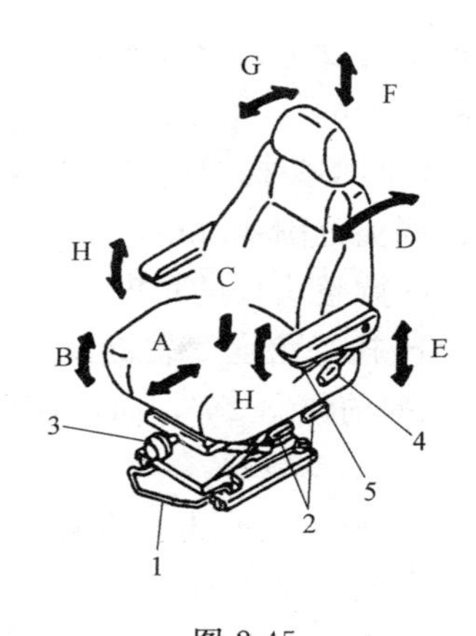

图 2-45
1,2,4—操纵杆；3—转动手柄；
5—转动球柄

A 座椅前后调整　将操纵杆 1 往右移，把座椅推到想要的位置，然后放开操纵杆。前、后调整幅度：160mm。

B 调整座椅角度　向前拉操纵杆 2，把座椅后端往下推，使其向后倾斜。向下推操纵杆 2，把座椅前端向下推，使其向前倾斜。调整幅度 13°。

C 调整座椅载重量　转动手柄 3 以调整悬挂装置强度，调整幅度：50～120kg。

D 调整靠背角度　将操纵杆 4 往上拉，把靠背前移或后移。调整幅度：往前 66°往后 72°。

若座椅靠背往后倾斜太大，可能会碰着后窗玻璃，所以使其置于碰不着玻璃的位置。若将座位往后靠到底，以休息一下，可将座椅调整到最大位置，即前后调整到最前位置、上下调整到最高位置、座椅角度调整到水平或倾斜、往后靠调整完全后倾 36°。

E 座椅高度调整　把操纵杆 2 作上、下移动，使座椅按所希望的做上、下移动。操纵杆 2 也用以调整座椅的角度，所以在把座椅设定在所以希望的高度时，也可同时调整角度。调整幅度 60mm。

F 调整头枕的高度　把头枕向上或向下推动到所希望的高度。调整范围 25mm。

G 调整头枕的角度　把头枕向前或向后转动。

H 扶手角度　转动球形柄 5 可调整扶手角度。调整范围 30°（向前倾斜 25°，向后倾斜 5°），此外，当转动扶手时，它会弹起来。

② 调整安全带　安装安全带之前，检查一下安全带的安装架和安装带是否有异常。若安全带已磨损或受损要及时更换，开始操作前一定要系紧安全带。操作期间一定要使用安全带。

③ 系紧和解开安全带　系紧安全带，但勿系得太紧。坐在座位上，完全踩下刹车踏板，调整好座位，使后背靠在靠椅上，调整座椅位置后，调整伸缩带 1，当座位无人时拉紧伸缩带并安装好。如图 2-46 所示。坐在座位，左手拿扣环 2，右手拿扣舌 3，将扣舌 3 插入扣环 2，拉紧安全带使其牢牢锁住。解开安全带时，抬起扣环 2 的拉杆，安全带即可松开。调整扣环和扣舌两侧带子的长度，使安全带随身体尺寸大小而变化，不要扭绞，还要使扣环调整到身体前部的中间。

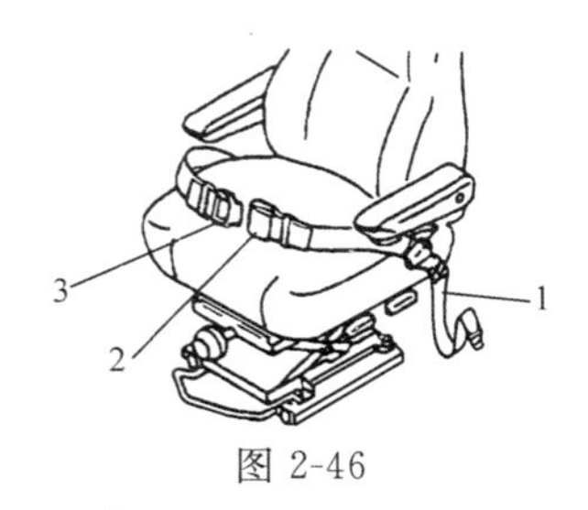

图 2-46

1—伸缩带；2—扣环；3—扣舌

④ 调整安全带的长度

a. 使安全带缩短：拉动安全带在扣环上或扣舌上的自由

端。如图 2-47 所示。

b. 使安全带伸长：让装有扣环或扣舌一端的带子与扣环或扣舌成直角，然后拉动带子。如图 2-48 所示。

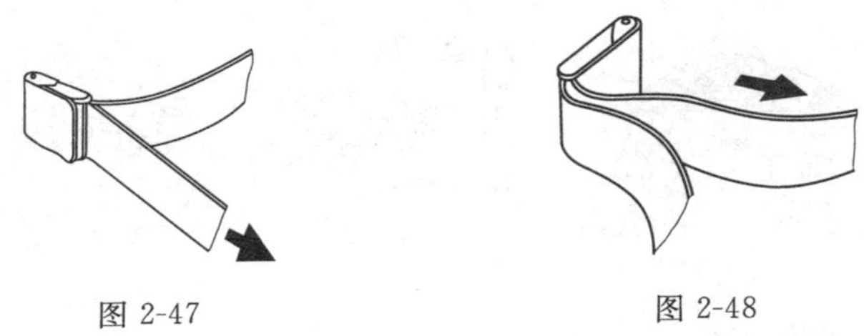

图 2-47　　图 2-48

⑤ 后视镜的调整　坐在操作人员座椅上，调整后视镜，使得能够很好地看到后方。调整如图 2-49 所示。

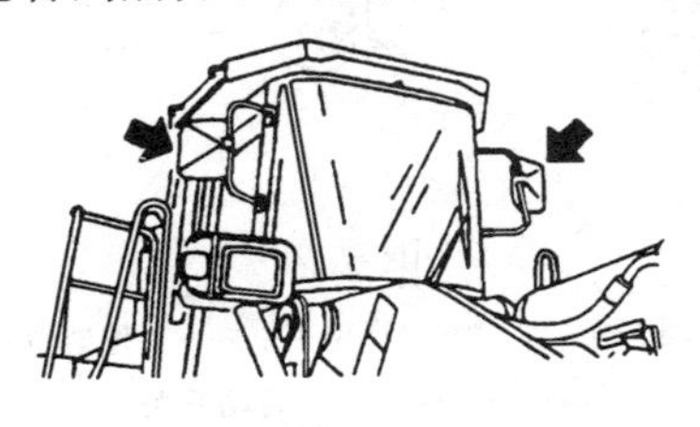

图 2-49

(5) 启动发动机前的操作和检查

若无意中碰到控制杆上，工作装置可能会突然运动，离开驾驶室时，要将安全杆牢固地置于“锁紧”位置上。启动发动机前，用湿布擦去积聚在蓄电池上方表面或启动电机和交流电动机上的灰尘。

检查停放制动器开关 1 应该在 ON 位置，如图 2-50 (b) 所示。

检查方向操纵杆 2 应该在 N 位置上，启动发动机时，若方向杆 2 不在 N 位置上，发动机则无法启动。如图 2-50 (c) 所示。

将铲斗放低到地面，然后检查工作装置控制杆 3 是否由安全锁 4 锁紧了。如图 2-50（d）所示。

将钥匙插入启动开关 5，转动到 ON 位置，检查指示灯应该发亮。如图 2-50（e）所示。

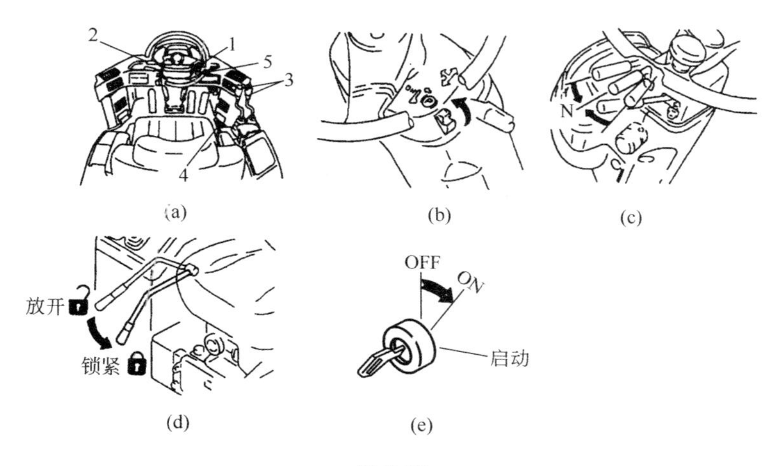

图 2-50

1—制动器开关；2—方向操纵杆；3—工作装置控制杆；
4—安全锁；5—启动开关

2.4.2 驾驶操作

（1）启动发动机

① 正常启动　检查机器周围应该没有人或障碍物，然后鸣喇叭和启动发动机。不能让启动电动机连续转动 20 秒以上，如果发动机没能启动，至少要等 2 分钟才能再次启动。

把启动开关 1 的钥匙转到 ON 位置，如图 2-51（b）所示。然后把加速踏板 2 轻轻踏下如图 2-51（c）所示。把启动开关 1 的钥匙转到启动位置把发动机启动，如图 2-51（d）所示。当发动机已启动，把启动开关 1 的钥匙放开，钥匙将自动返回到 ON 位置，如图 2-51（e）所示。

② 在寒冷天气启动　当在低温下启动要按下列各项去做。

a. 用自动点火系统启动。

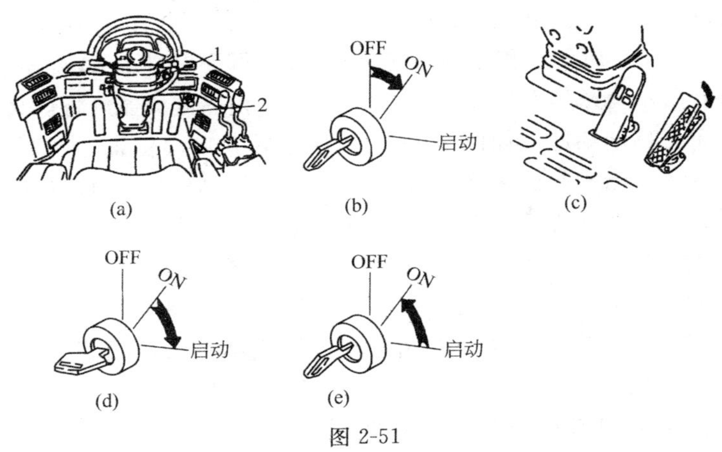

图 2-51

1—启动开关；2—加速踏板

把自动点火系统的燃油阀 1 打开，如图 2-52（a）所示。在使用自动点火系统的季节，当温度下降时要让燃油阀 1 保持打开。把启动开关 2 的钥匙转到 ON 位置，如图 2-52（b）所示。让燃油截流开关 3 保持在 OFF 位置，把启动开关 2 放到启动位置，发动机将在 10 秒钟内启动，如图 2-52（c）所示。

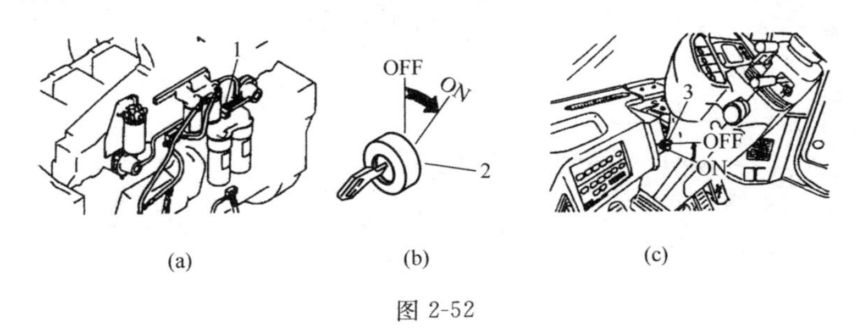

图 2-52

把燃油截流开关 3 放置在 ON 位置，如图 2-53（a）所示。当把开关释放时，它将返回到 ON 位置。当预热开关 4 放置在 ON 位置时，如图 2-53（c）所示预热监视器 5 将发亮，自动预热将开始。如果预热监视器 5 发亮，则把预热开关 4 返回到自动位置，当把开关释放时，它将返回到自动位置，如图 2-53（c）、（d）所示。然后把加速器踏板 6 踩下一半，如图 2-53（e）所示。预热大约在 12 秒钟内完成。预热监测器灯将熄灭，故可把启动钥匙 2 如图 2-53（f）所示转到启动位置，把发动机启动。当预热监测器仍然发亮时，如果把启动开关放置到启动位置，热线点活塞将变得潮湿，将不能够点火，故应注意启动问题。当启动电动机转动时，监测器可能闪烁，发动机启动之后，如果这种闪烁停止，这属于正常现象。当发动机已启动，把启动开关 2 的钥匙释放，钥匙将自动回到 ON 位置，如图 2-54（a）所示。在进行上述步骤后如果发动机不能启动可把启动开关的钥匙转到 OFF 位置，在大约 2 分钟之后重新按照上述方法进行启动。发动机启动之后，如果发动机运转平稳，排气颜色也变得正常，则可把预热开关 4 转到 OFF。

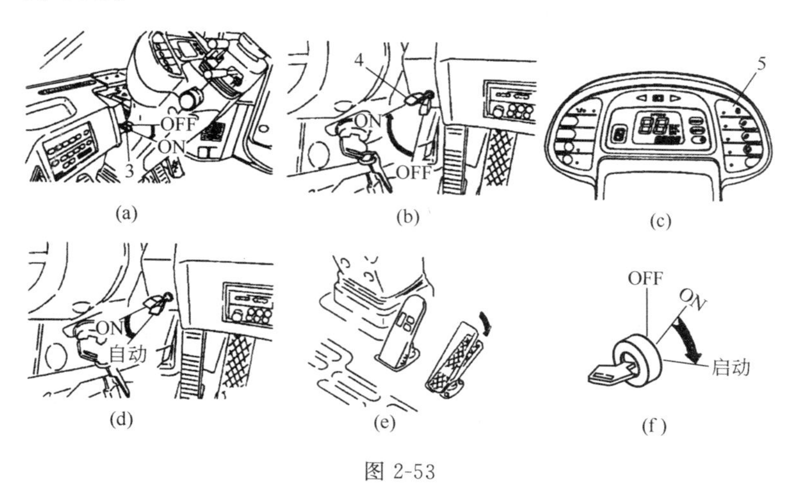

(a) (b) (c)
(d) (e) (f)

图 2-53

备注：发动机启动之后，当水温达到 20℃ 时，预热监测器 5 则闪烁，如图 2-54（b）所示，表示后预热已完成，后预热被自动撤销。如果预热开关 4 没有转到 OFF，然而预热监测器 5 不熄灭。因此在经过了表 2-5 的时间之后，可把预热开关 4 转到 OFF 以使预热监测器 5 熄灭。如图 2-54（c）所示，把预热开关 4 转到 OFF 之前应经过的时间，因环境温度而变化，用表 2-5 来检查时间。

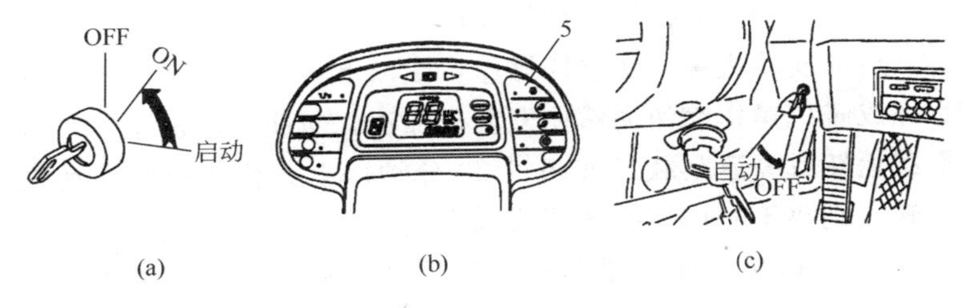

图 2-54

表 2-5 预热开关转到 OFF 之前应经过的时间

环境温度	从发动机启动至把预热开关转到 OFF 的时间
15～0℃	1～2 分钟
0℃以下	3～5 分钟

在表 2-5 所示的从发动机启动至预热开关转到 OFF 这段时间里，不要把发动机速度提高到中速以上。

b. 用手动预热进行启动。

当发动机水温高于 13℃，但如果环境温度低于 15℃，自动预热也不能进行，如果启动发动机有困难，可采用以下程序：

- 把启动开关钥匙放置到 ON 位置。
- 用手把预热开关保持在 ON 位置，直至预热监测器熄灭。
- 把预热开关释放，它自动返回到“启动”位置，预热监测器开始闪烁。
- 然后迅速地把启动开关返回到“启动”位置，以把发动机启动。
- 启动之后，把预热开关放置在 OFF 位置。

标准规格的机器在设计上是可以在－20℃至 40℃的环境温度下工作的。如果在寒冷天气下停止了几个小时之后需要机器进行作业，则应把发动机启动之后，至少运转 10 分钟，才能让机器行走。

（2）启动发动机后的操作和检查

启动发动机后，勿立即操作，按以下步骤操作和检查，注意完成暖机操作前勿突然使发动机加速。勿使发动机连续低速空载运转或高速空载运转超过 20 分钟以上。若必须使发动机空转，则要不时地加些载荷或以中速运转。

a. 轻轻踩住加速器踏板，使发动机以中速空载运转约 5 分钟。

b. 若在寒冷地区让液压油加温，需在暖油操作时，检查发动机转动是否稳定，然后将工作装置控制杆的安全锁置于放开位置，在倾斜位置来回移动铲斗控制杆，这种操作可使油达到溢流压力，使液压油更快变暖。

c. 暖油操作完成后，检查计量仪和警告灯是否正常。若出现异常及时修理。让发动机以轻负荷运转，直到发动机水温测量计和扭矩转换器油温计达到绿挡。

d. 检查排气颜色、声音或振动是否有异常，若有异常则进行修理。

（3）机器的移动

移动机器前，检查周围是否安全，启动前按响喇叭，不许有人靠近机器。机器后面有一个盲区，所以反向行走时要特别注意，在斜坡上启动机器时，将变速器切断开关置于 OFF 位置，踩动加速器踏板时也踩下左刹车板，然后慢慢放开左刹车踏板使机器启动。

a. 检查警告指示灯不应发亮。

b. 将铲斗控制杆 5 和提升臂控制杆 6 的安全锁 7 置于放开位置，位置图如图 2-55 所示。

c. 操作提升臂控制杆 6，使工作装置置于如图 2-56 所示的行走姿势。

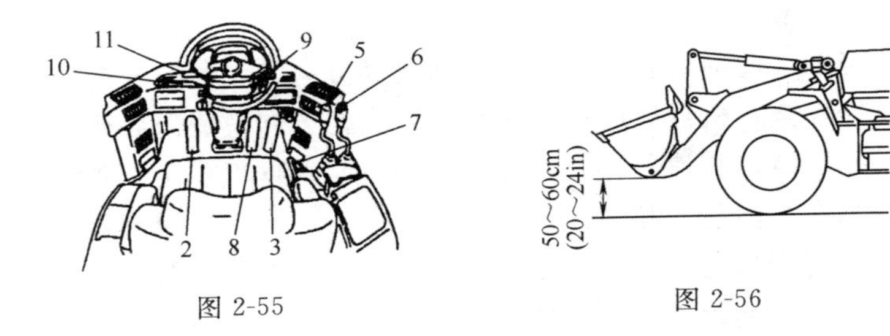

图 2-55　　图 2-56

d. 踩动右刹车踏板 8，将停放制动器开关 9 置于 OFF 位置，以释放停放制动器。对右刹车踏板 8 保持踏下。如果停放制动器开关 9 在 OFF 位置时停放制动器仍在起作用，可将停放制动器开关转到 ON，然后再转到 OFF。

e. 把速度控制杆 10 放置到所希望的位置。

f. 把方向盘 11 放置到所希望的位置。

g. 把右制动踏板 8 释放，然后把加速器踏板 3 踩下以使机器移动。

(4) 换挡

当高速行走时，不要突然换挡，变速时要用制动器减速，然后换挡。

按以下步骤进行换挡：将速度控制操纵杆置于想要的位置。仅第 1 挡和第 2 挡用于挖掘和装载作业，所以应使用速度控制操纵杆挡块。挡位位置图见图 2-57。

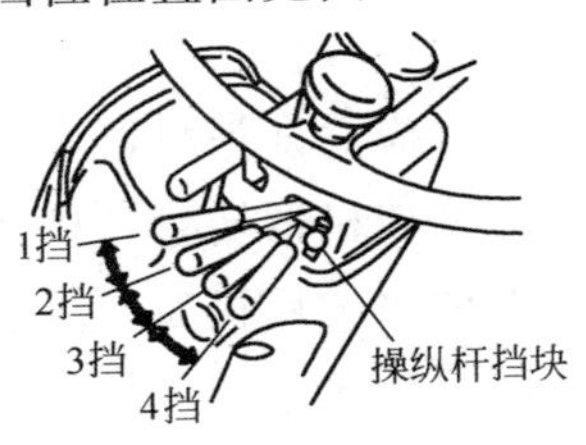

图 2-57

如果机器装配有自动降速开关，当机器在第 2 挡速度行走时，若按动提升臂控制杆的按钮，则转换到第 1 挡。

（5）换向

当在“向前”和“向后”之间变换方向时，要检查新的方向是否安全，机器后面有一个盲区，当把方向换成向后行走时要特别注意。高速行走时不要在“向前”和“向后”之间切换。当在“向前”和“向后”之间切换时，要踏下制动器，把行走速度降到足够低，然后改变行走方向。在“向前”和“向后”之间切换时不必把机器停止。把方向杆 1 放置在所希望的位置上。变速杆的操作必须在 2 秒钟内完成换挡。换挡操作如图 2-58 所示。

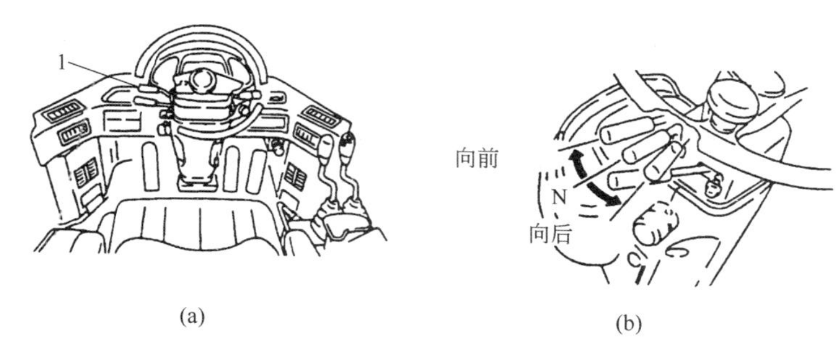

图 2-58

（6）转弯

让机器在高速行走时突然转弯或在陡峭坡地上转弯是危险的，如果机器行走时发动机熄火了，转向装置就不能使用。这种情况在坡地上特别危险，故机器行走时绝对不能让发动机停止，如果发动机停止了，应立即把机器停在一个安全的地方。

行走时使用方向盘来使机器转弯，机器的前机架是通过一个中心销而与位于机器中央的后机架连接起来的。前机架在这一点可以折弯，转弯时，后轮跟着前轮的同一轨迹，稍微转动方向盘让机器转弯。当把方向盘打满轮时，不要转动超过方向盘行程的末端。

(7) 机器停止行走

机器在运行时不要突然停止，停止机器时要给机器足够的余地。不要在斜坡上停放机器。若必须这样，则直接面对下坡停放，然后将铲斗挖入地面，将垫块置于轮胎下阻止机器下行，如图 2-59 所示。若以外碰着控制杆，工作装置或机器本身会突然移动，可能导致重大事故，离开驾驶室前，将安全锁操纵杆牢牢置于锁紧位置。即时停放制动器开关在 ON 上，在停放制动器指示灯点亮前仍存在危险，所以要踩住制动器踏板。

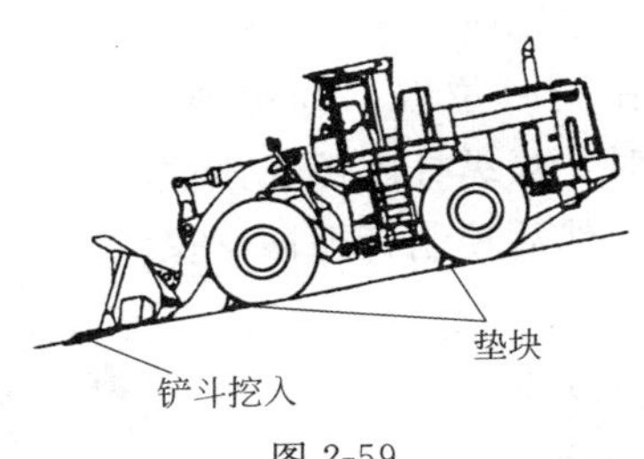

图 2-59

机器在行走时绝对不要使用停放制动器开关来制动机器，只有机器停止行走后方可使用停放制动器。

放开加速踏板，踩住制动踏板，使机器停止行走，将方向操纵杆置于 N 位置。将停放制动器开关置于 ON 位置，施加停放制动。当施加停放制动时，变速箱会自动返回空挡位置。

(8) 工作装置的操作

提升臂控制杆和铲斗控制杆可以操作提升臂和铲斗，方法如下：

a. 提升臂的操作（控制杆 1） 控制杆如图 2-60 (a) 所示，图 2-60 (b) 中表示控制杆 1 的动作：①表示提升；②保持提升臂保持在同一位置；③下降；④浮动，提升臂在外力下可自由移动。当提升臂控制控制杆从提升位置再往前拉时，操

(a) (b)

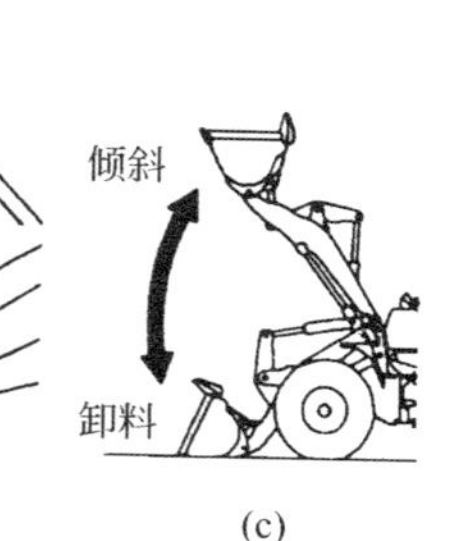

(c)

图 2-60

纵杆就在该位置上，直到提升臂到达预定的踢出位置，然后操纵杆返回“保持”位置。

b. 铲斗操作（控制杆 2） 如图 2-61（a）所示①位置，倾斜；②保持铲斗在同一位置；③卸料。当铲斗控制杆从“倾斜”位置往前拉时，操纵杆就停在该位置上，直到铲斗到达定位器预定的位置，然后控制杆返回“保持”位置。

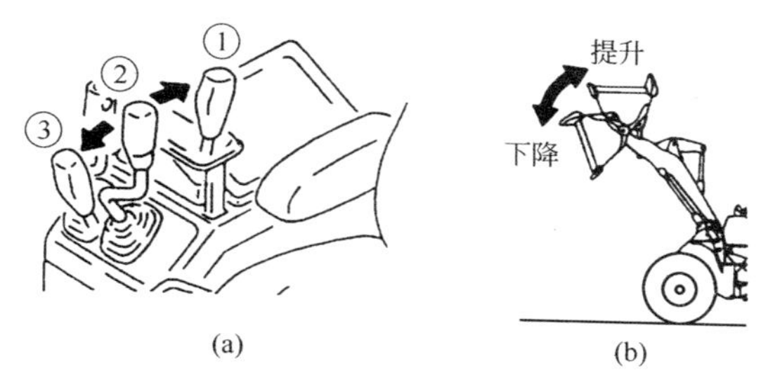

(a) (b)

图 2-61

（9）轮式装载机的可能使用范围

① 挖掘作业 在进行挖掘或铲起作业时，始终要使机器直接面对前方。机器在铰接时千万勿进行挖掘作业，若轮胎打滑，其使用寿命会缩短，所以在操作时勿使车胎打滑。装载机在装载沙堆或碎石时，按下述步骤驱动机器，向前进行装载，为防止由轮胎打滑造成的车胎破裂，操作时要注意以下几点：

a. 始终使作业工地保持平坦，清除任何滚落的石子。

b. 装载堆放材料时，用第 1 挡或第 2 挡操作；装载碎石时，用第 1 挡操作。

机器在往前驱动和降低铲斗时，要将铲斗停在距离地面 30cm 的地方，然后再慢慢放下来，如图 2-62（a）所示。若铲斗碰撞地面，前轮胎会离开地面并打滑。在到达被装载物料前，立刻换到低挡，然后踩住加速器踏板，同时将铲斗插入被装载物料。如图 2-62（b）所示。若被装载物是堆放料，可将铲斗切削刃保持水平，在装载碎石时，可让铲斗略往下倾斜，如图 2-62（c）所示。注意勿使碎石留在铲斗下方，这将使前车轮离开地面并打滑。尽量使载荷置于铲斗中央，若置于一侧，载荷则不平衡。

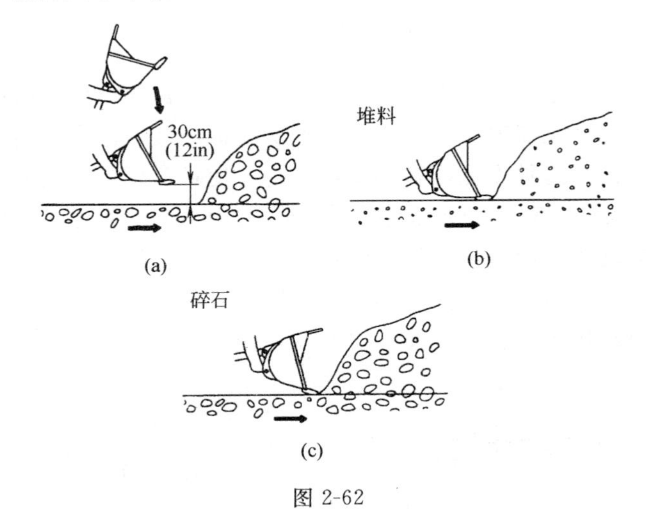

图 2-62

当铲斗插入装载物的同时，将提升臂上举［如图 2-63（a）所示］以防止铲斗走得太远，把提升臂抬起会使前车轮产生足够的牵引力。如果铲斗插入得太多而提升臂又没有抬起，或者机器停止了向前行走，这时可把加速器踏板放松一下。对每种类型的土壤要用适当的方法来操纵加速器踏板，这可有效地节省燃油和防止轮胎磨损。

检查一下铲斗所铲物是否已满，然后操纵铲斗控制杆，使铲斗倾斜，满载物料如图 2-63（b）所示。

如铲斗内物料过多，则铲斗应该迅速倾倒，去掉过多的物料，如图 2-63（c）所示。

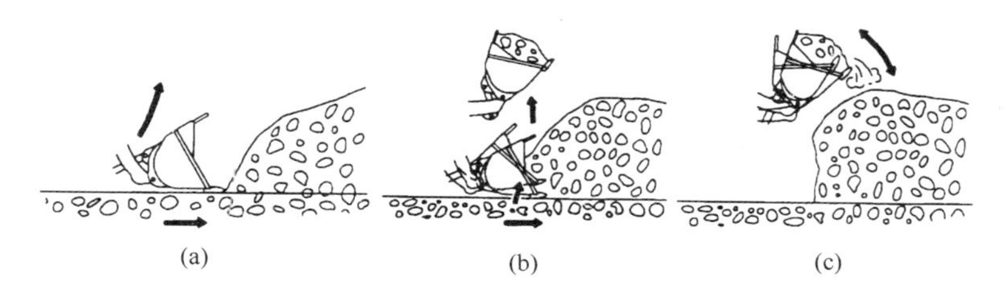

图 2-63

当在平地上进行挖掘和装载作业时，使铲斗切削刃略向下倾斜，驱动机器前行。始终要注意勿使铲斗装载侧向一边，造成不平衡。这种作业应在第 1 挡进行。使铲斗切削刃略向下倾斜，铲斗向下倾斜不能超过 20°。如图 2-64（a）所示。

驱动机器前行，将提升臂控制杆往前推，挖土时要切入一层薄薄的地表面，如图 2-64（b）所示。

驱动机器前行时，要把提升臂控制杆稍作上下移动以减少

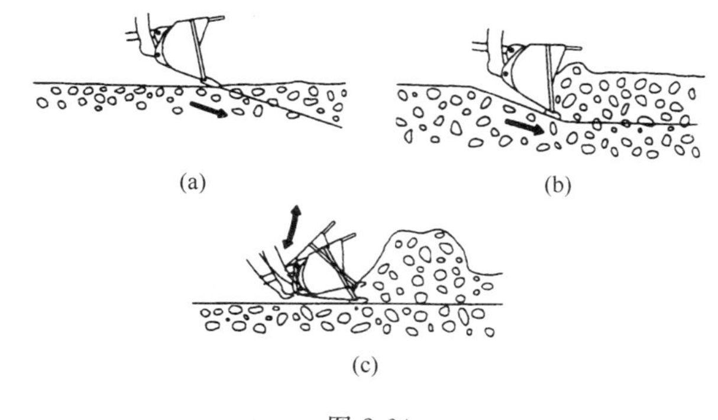

图 2-64

阻力，如图 2-64（c）所示。使用铲斗挖掘作业时，避免让挖掘力只作用在铲斗一侧。

② 平地作业　进行平地作业时是让机器后退而进行的，如果平地作业必须向前进行，则铲斗的卸料角不应大于 20°。

铲斗装满泥土。让机器一边倒车行走，一边从铲斗一点一点地将泥土撒出。让铲斗斗齿触到地面从撒下的泥土上走过，用向后拖的方法把地面整平，如图 2-65 所示。如果推力不足，可进行“下降”作业增加推力。

图 2-65

③ 推进作业　当进行推进作业时绝对不能把铲斗放置在“卸料”位置。在进行推进作业时，让铲斗的底部与地面平行。

④ 装载和搬运作业　轮式装载机的装载和搬运方法由一个循环而组成，它包括铲挖→搬运→装车（装进料斗、大洞穴等）。

选择使转弯和行走量降到最低的操作方式，以便为作业现场提供最有效的方法。

注意：轮胎打滑会缩短使用寿命，故在操作时勿使轮胎打滑。避免铲斗过度摇晃。

a. 十字形行驶装载。始终使轮式装载机以直角对着堆料。挖掘进去铲起堆料后，让机器直接反向行走，然后让自卸车置于堆料和轮式装载机之间，如图 2-66 所示。这一方法所需装载时间最短，在减少生产周期上最为有效。

b. V 形装载。让自卸车定位在轮式装载机方向和堆料方向成约 60°的地方。装满了铲斗后，让轮式装载机倒车，然后

图 2-66

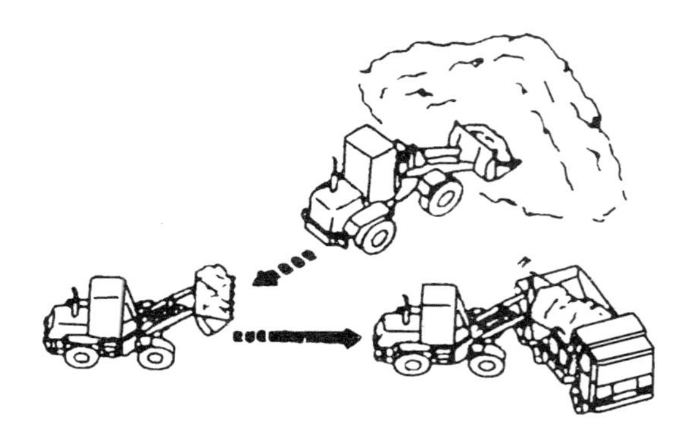

图 2-67

转向面向自卸车，向前行走卸在自卸车上，如图 2-67 所示。

轮式装载机转弯角度越小，操作效率越高。

当装载满了铲斗，并使其上升到最大高度时，把铲斗提升前要先摇晃一下铲斗，使泥土稳定住。这将防止载料撒在后面。

堆料时的注意事项：

• 当把物料堆成堆时，不能让后配重与地面接触；

• 堆料作业时不要把铲斗置于 DUMP（卸料）位置，如图 2-68 所示。

图 2-68

(10) 操作注意事项

① 允许水深度　在水中或沼泽地作业时，不能让水超过车桥外壳的底部，如图 2-69 所示。

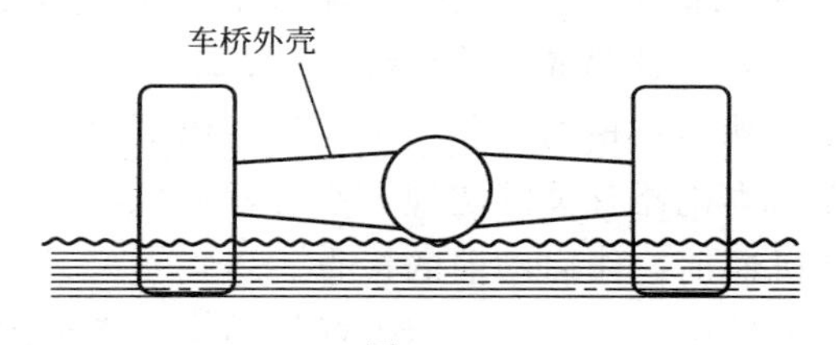

图 2-69

作业完成后，清洗和检查润滑点。

② 如果车轮制动器失灵　如果踩动刹车踏板无法使机器停止行走，则可使用停放制动器。

注意：如果在紧急状态下使用了停放制动器，请与机器经销商联系，以检查停放制动器是否有不正常。

③ 上坡或下坡的注意事项

转弯时降低重心：在山坡转弯时，转弯前将工作装置降低以降低重心。当工作装置升高时机器转弯时是很危险的。

下坡时的制动：在下坡行走时如果频繁使用脚踩闸，则它可能会过热并损坏。为避免这一问题，应变速到低挡，并充分利用发动机的制动力。

刹车时，使用右刹车踏板。

如果速度控制杆不置于适当的速度位置，变矩器的油可能会过热。如果过热，可将速度控制杆置于下一个低挡以降低油温。

即使控制杆在第1挡，如果温度计不显示绿挡，则应将机器停驶，把控制杆置于空挡位置，以中速运转发动机，直到温度计显示出绿挡为止。

如果发动机熄火：如果发动机在山坡上熄火，则完全踩住右刹车踏板。然后，把工作装置降低到地面，并使用停放制动器。然后将方向控制杆和速度控制杆置于空挡，再次启动发动机（如果方向控制杆不在空挡位置，则发动机不能启动）。

④ 驱动机器时的注意事项　当机器以高速行走长距离时，轮胎变得非常热。这就造成轮胎过早磨损，所以应尽可能避免。若机器必须作长距离行驶，则应注意以下问题。

• 遵守与本机器有关的法规，小心驱动机器。

• 驱动机器前，作启动前的检查。

最合适的轮胎压力、行走速度或轮胎类型等会因行走表面状况而不同，请与机器经销商或轮胎制造商联系以获取有关信息。

以下是使用标准轮胎在平地行走时的适当轮胎压力和速度：

轮胎压力：前0.39MPa；后0.34MPa。

速度：13km/h。

启动前当轮胎不热时检查轮胎压力。

行走1小时后停驶30分钟。检查轮胎和其他部件是否受损，还要检查油位和冷却剂水位。

行走时铲斗始终是空的。

行走时不能将漂白粉或干的镇重物放在轮胎内。

(11) 调整工作装置的姿态

大臂限位装置可使铲斗自动停止在想要的提升高度（提升臂高于水平活动范围），而铲斗定位器可以使铲斗自动在想要的挖掘角度停止。这套装置可根据工作状况进行调整。

警告：将机器停放在平地上，在车轮的前、后放上楔块。施加停放制动器。确保安全棒固定好前车架和后车架。在工作装置的控制杆上挂一个警告牌。提升臂上升时人勿走入工作装置的下面。

① 调整限位装置

a. 将铲斗提升到想要的高度，把提升臂控制杆置于HOLD（保持）位置，将控制杆锁住。然后关闭发动机，作以下调整。

b. 拧松两个螺栓1，调整板2使底部的边缘与防撞开关3的传感器表面中心成直线。然后拧紧螺栓，把板的位置固定，如图2-70（a）所示。

c. 放松两个螺母4，使板2和邻近开关3的传感器表面之间的缝隙为3～5mm。然后拧紧螺母使其定位，如图2-70（b）。紧固扭矩：17.2N·m±2.5N·m。

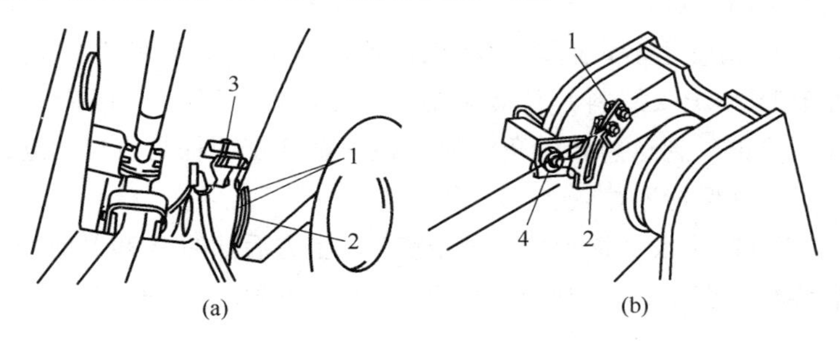

图2-70

d. 调整之后，启动发动机，操作提升臂控制杆。检查在铲斗到达所希望的高度时，操纵杆是否自动返回HOLD（保持）位置。

② 调整铲斗定位器

a. 放低铲斗到地面，将铲斗调整到想要的挖掘角度。把铲斗控制杆置于HOLD（保持）位置，停止发动机运转，调整方法如下，调整位置如图2-71所示。

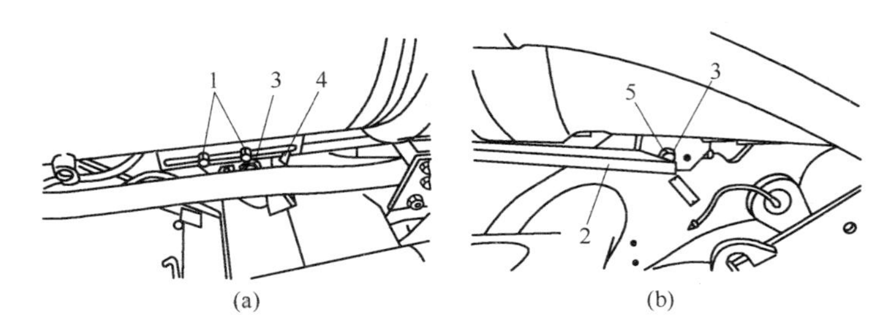

图 2-71

b. 拧松两个螺栓 1，调整防撞开关 3 的安装托架 4，使角度 2 的后端与开关 3 的传感器表面中心成直线。然后拧紧螺栓，使托架固定住。

c. 拧松两个螺母 5，调整棒 2 与防撞开关 3 的传感器表面间的间隙为 3～5mm，然后拧紧螺母，使其定位。

紧固扭矩：17.2N·m±2.5N·m。

d. 调整之后，启动发动机，抬高提升臂。将铲斗控制杆置于 DUMP（卸料）位置，然后使其到达 TILT（倾斜）位置，当铲斗到达想要的角度时，检查铲斗控制杆是否自动返回 HOLD（保持）位置。

③ 铲斗水平指示器　位于铲斗的上方后部的 A 和 B 时水平指示器，见图 2-72。所以在作业时，铲斗的角度可以检查出来。

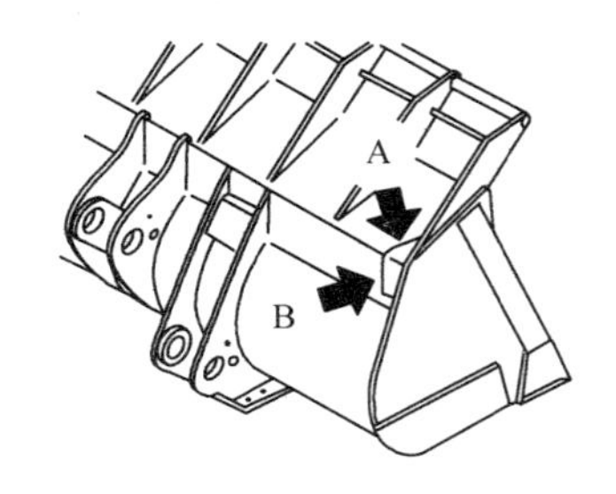

图 2-72

A—与切削刃平行；B—与切削刃成 90°

（12）停放机器

勿突然停驶，停止机器时要给机器有足够的余地。勿将机器停放在斜坡上。若必须这样做，则使其面对下坡的方向，然后将铲斗挖入地面，在车轮下放置楔块防止机器移动，如图2-73所示。若以外碰着控制杆，工作装置或机器可能会突然移动，导致严重事故。离开操作室前，始终要将安全锁操作杆置于“锁紧”位置。即使停放制动器开关转到ON，在停放制动器指示灯亮之前仍有危险，所以要一直踩住刹车踏板。

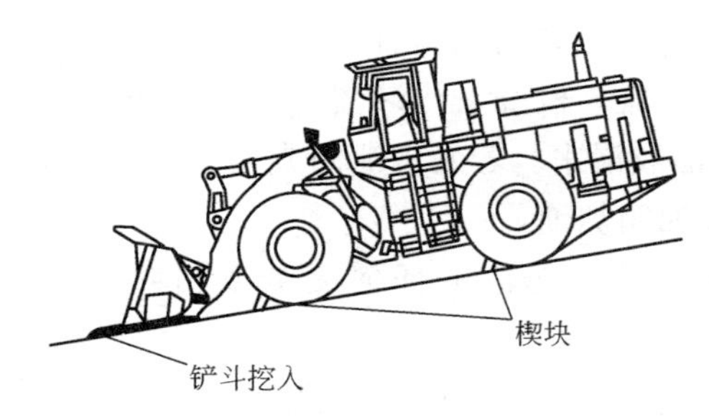

图 2-73

注意：除非发生紧急情况，行走时绝对不要用停放制动器开关来制动机器。只有在机器停止行走后，方可使用停放制动器。

① 放开加速器踏板，踩住制动器踏板，使机器停止行走。

② 将方向操纵杆置于N（空挡）位置。

③ 将停车制动器开关置于ON，施加停放制动。当施加停放制动时，变速箱自动返回空挡位置。

④ 操作提升臂控制杆，以把铲斗放到地面。

⑤ 用安全锁将提升臂控制杆和铲斗控制杆锁紧。

（13）完成操作后的检查

从仪表和指示灯来检查发动机水温、发动机油压、变矩器油温和油位。若发动机过热勿突然使其停止运转。发动机停止运转前让发动机中速运转，使发动机冷却下来。

（14）停止发动机

注意：若发动机未冷却下来就突然熄火，发动机的使用寿命会大大缩短。所以，除非发生意外情况，勿突然使发动机熄火。尤其是若发动机过热时勿突然使其熄火，而是要让发动机中速运转，使其逐渐冷却，然后使其停止运转。

① 使发动机低速空载运转约5分钟，使其逐渐降温。

② 将启动开关钥匙转到OFF位置，然后停止发动机。

③ 从启动开关中取出钥匙。

（15）停止发动机后的检查

① 巡视机器，检查工作装置、机体和下部行走体，还要检查是否漏油或漏水。若发现泄漏或异常，及时检修。

② 往燃油箱加油。

③ 清除发动机舱内的任何废纸或枯叶。它们可能引起火灾。

④ 清除粘在下部行走体上的泥土。

（16）锁机

下面各处始终要上锁（图2-74和图2-75）：

① 燃油箱注油盖；

② 发动机侧护板（2点）；

③ 驾驶室门（2点）；

④ 发动机罩（1点）（舱壁盖）。

图2-74

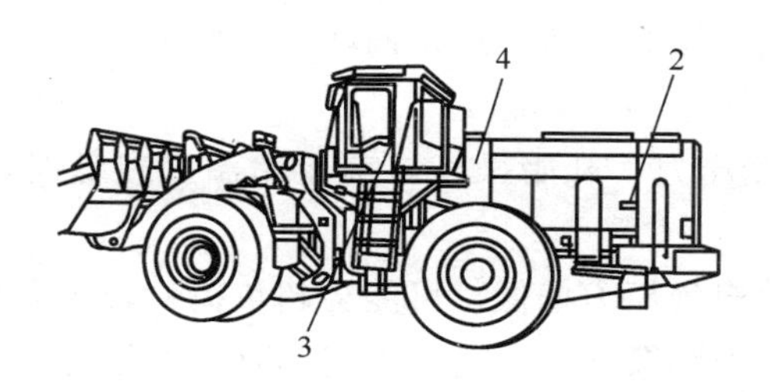

图 2-75

备注：启动开关钥匙也可用于锁紧 1、2、3 和 4 各处。

（17）轮胎的处理

① 处理轮胎的注意事项　轮胎已达到下面的使用极限，就可能发生爆破或出现危险，为保证安全，要更换新的：磨损的使用极限，工程机械轮胎上所剩下的槽深（约在胎面宽度的 1/4 处）为新轮胎槽深的 15%；当轮胎已显示出明显的不均匀磨损、台阶形磨损或其他不正常的磨损；或当隔层裸露。损坏的使用极限，当外部损坏已伸展到芯线或芯线已折断；当芯线已切断或松弛；当轮胎已剥落（有分离的）；当轮缘已损坏；对无内胎的轮胎，当已经漏气或不正常的修理。

图 2-76 为轮胎剖面图。

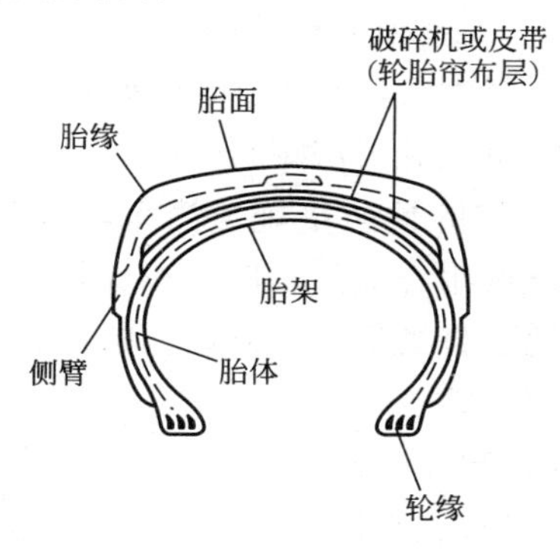

图 2-76　轮胎剖面图

当更换轮胎时，请与经销商联系。把机器不当心地顶起是危险的。

② 轮胎压力　开始操作之前轮胎温度较低时，先测量轮胎压力。

若轮胎充气压力偏低，可能会超负荷；若压力过高，则会造成轮胎破裂和爆炸。为避免上述问题，要根据下页表格来调整充气压力。

$$下沉率=\frac{H-h}{H}\times 100$$

作为清楚地检查压力的准则，前胎的下沉率（下沉量自由高度）如下：正常载荷（提升臂水平放置）时，约15%～25%；挖掘（后轮偏离地面）时，约25%～35%。

检查轮胎充气压力时，还要检查车轮的刮痕或剥落，检查是否有可能造成穿孔的铁钉或金属片，以及是否出现异常磨损。

清除操作区内滚落的石头和保养路面将延长轮胎使用寿命，提高经济效益。

在正常路面操作和进行岩石挖掘作业时：在气压图上最高点。

在松软地面堆料作业时：气压图上的平均压力。

在沙上作业时（无需很大挖掘力的作业）：气压图上的低点。

若轮胎的下沉量太大，在表2-6所列范围内提高充气压力以获得适当的下沉量（见下沉率）。

用载运方法操作的预防措施：当机器连续进行载运作业时，针对操作状况选用合适的轮胎，或针对轮胎选择适当的操作条件。否则，轮胎将被损坏。所以，选择轮胎时请与机器经销商或轮胎贸易商联系。

（18）铲斗的拆卸和安装

警告：把机器停放在平地上，把安全杆放置在机架上，把铲斗放到地上，关闭发动机，施加停放制动，把楔块放在轮胎下面。

表 2-6

<table>
<tr><td rowspan="3">轮胎尺寸（花纹）</td><td rowspan="3">层数</td><td rowspan="3">H
自由高度/mm</td><td colspan="5">充气压力</td></tr>
<tr><td colspan="2">松软地(沙地)</td><td colspan="2">正常地面</td><td rowspan="2">从工厂出厂时</td></tr>
<tr><td>堆料</td><td>挖掘</td><td>堆料</td><td>挖掘</td></tr>
<tr><td>35/65-33 (L-4 Rock)</td><td>30</td><td>527</td><td rowspan="2">0.29～0.34MPa</td><td rowspan="2">0.34～0.39MPa</td><td rowspan="2">0.34～0.39MPa</td><td rowspan="2">0.34～0.39MPa</td><td rowspan="2">前胎：0.39MPa
后胎：0.34MPa</td></tr>
<tr><td>35/65-33 (L-5 Rock)</td><td>30</td><td>527</td></tr>
<tr><td>29.5-29 (L4 Rock)</td><td>28</td><td>553</td><td>0.34～0.39MPa</td><td>0.39～0.49MPa</td><td>0.39～0.49MPa</td><td>0.39～0.49MPa</td><td>前胎：0.49MPa
后胎：0.44MPa</td></tr>
</table>

注：堆料作业意味着装载沙或其他松软材料。

把铲斗按下面的方法拆卸或安装，如果这样做便于运输的话。

① 铲斗的拆卸（图 2-77）

a. 把铲斗连杆销部分和铲斗销部分的保持架安装螺栓拧松，然后把保持架 1 和垫片 2 卸下，如图（a）、(b）所示。

b. 把锁紧螺栓 3 拧松，把凸轮 4 卸下，如图（c）、(d）所示。

c. 把铲斗连杆吊住，然后把铲斗连杆销拉出。用金属丝把铲斗连杆固定在倾斜杆上，如图（e）所示。

d. 把铲斗两侧的铲斗铰链销 5 拉出并取下，如图（f）所示。

e. 把提升臂和铲斗拆开。

② 铲斗的安装（图 2-78）

a. 把 O 形圈 2 放在提升臂凸台 1 的顶部，如图（a）所示。

把铲斗装配完之后，用步骤 d 中的垫片进行调整，把 O 形圈推下到槽里。

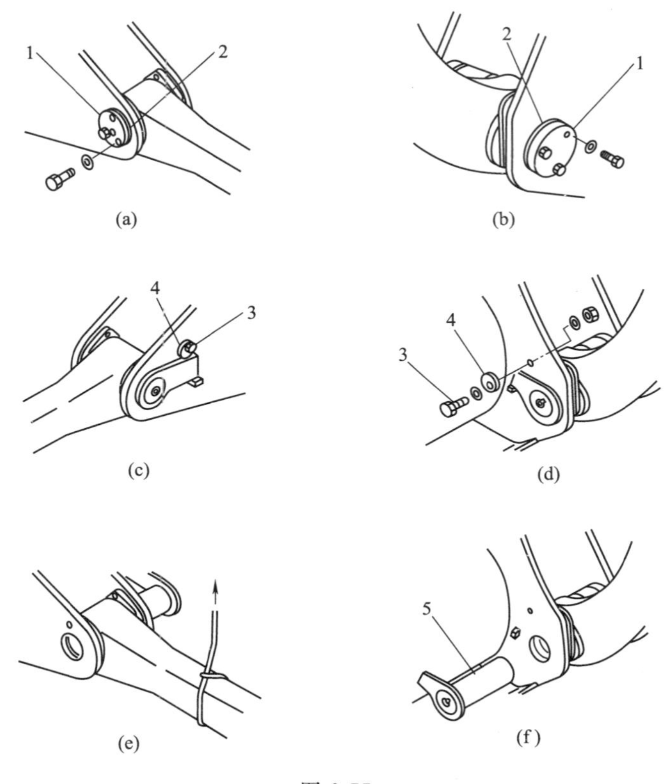

图 2-77

b. 在防尘密封环的唇部 3 涂润滑脂。

c. 把铲斗的左、右销孔对准。

d. 选择垫片的数量，使得铲斗铰链凸台 4 和提升臂凸台 1 之间的间隙 A 小于 1.0～1.5mm。如图（c）所示。

e. 把在步骤 d 所选择好的垫片进行装配，把销孔对准，然后将铲斗铰链销 5 插入。当插入铲斗铰链销时，要涂上润滑脂以防把防尘密封环损坏。使用一个有润滑脂孔的铲斗铰链销。如图（d）所示。

f. 让铲斗铰链销止动块板 5 同铰链板挡块接触，用凸轮 6

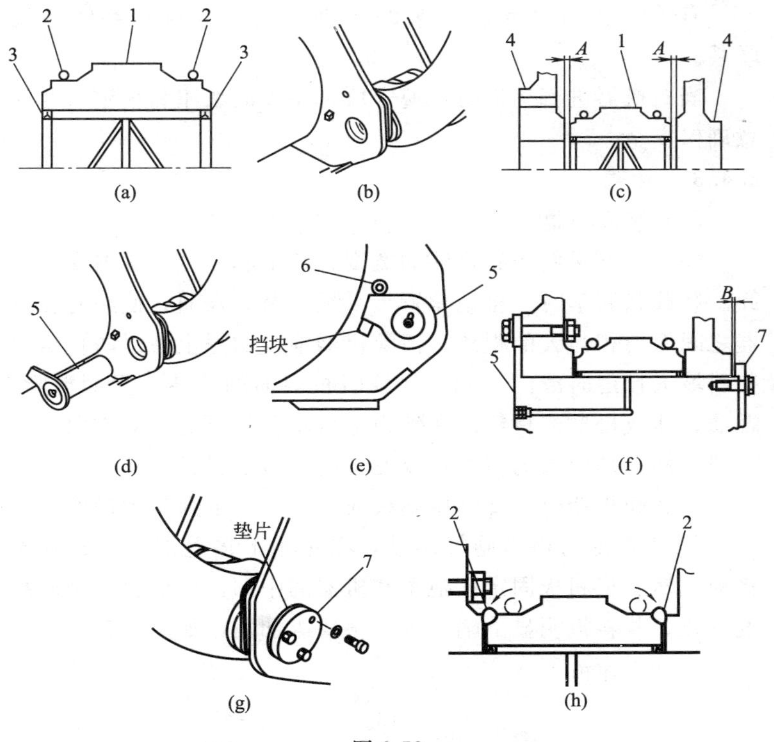

图 2-78

固定住。如图（e）所示。

g. 把保持架 7 安装到铲斗铰链销 5 上，然后测量保持架端面和铲斗铰链凸台之间的间隙 B。如图（f）所示。

h. 选择垫片数量，使得间隙 B 为 0.2mm 或以下，然后加上一个 0.2mm 的垫片，并装配起来。如图（g）所示。

i. 把 O 形圈 2 推到槽下。如图（h）所示。

j. 使用步骤 a 至 i 的同样程序，把铲斗连杆销安装上。装上一个销子，使得在铲斗连杆的润滑靠此销子本身自带的润滑脂孔提供润滑脂。

k. 在铲斗铰链销和铲斗连杆销上涂润滑脂。

有关铲斗的拆卸和安装的详细情况，请与机器经销商联系。

当对机器进行运输时，遵守所有相关的法律和规定，并注意确保安全。

2.4.3 运输

（1）装卸机器

警告：确保斜板有足够的宽度、长度和厚度使机器安全装卸。装载和卸车时，将拖车置于平坦的路基表面，使路肩和机器之间保持相当大的距离。清除机器地盘的泥土，以防止机器在斜坡上行走时滑向一侧。保证斜板表面的清洁，无润滑脂、燃油、冰或松散的材料。在斜板上行车时千万勿改变方向。若必须这样，则应驶离斜板，改变方向后再上斜板。

当装卸机器时，要使用斜板或平台，按下列步骤操作。

① 正常地对拖车施加制动，在轮胎下垫上楔块保持其不移动。然后将斜板固定在拖车和机器的中部，保证斜板两侧高度一致。若斜板明显下陷，则用垫块等加固，如图 2-79 所示。

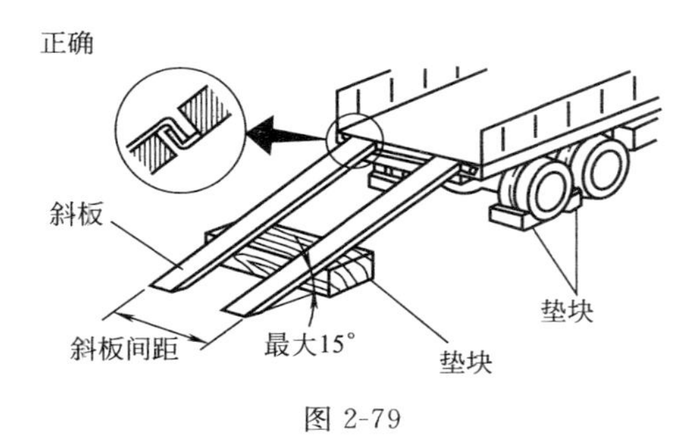

图 2-79

② 确定斜板的方向，然后缓慢装卸。

注意：当变速箱切断选择器开关置于 OFF 时，左刹车踏板和加速器踏板同时操作。

③ 正确地将机器装在拖车指定的部位。

（2）装载时的注意事项

把机器装在指定位置后，按下列步骤将它固定住。

① 缓慢地将工作装置放低。

② 用安全锁把所有控制杆牢牢锁上。

③ 将启动开关置于 OFF 位置，发动机熄火。从启动开关中取出钥匙。

④ 用安全棒锁住前车架和后车架。

⑤ 在轮子的前、后轮放置楔块，用链条或钢丝绳固定好机器，以防止它在运输过程中移动。

⑥ 把收音机天线缩回。

(3) 机器的吊起

警告：当把机器吊起时，如果钢丝绳没有准确地安装好，机器可能会跌落，造成人员重伤甚至死亡。把机器提起离地100～200mm，检查机器是否水平，钢丝绳是否松弛，然后继续把机器吊起。在把机器吊起之前要把发动机停止，把制动器锁住。起重作业作用的起重机必须要由合格的操作人员来操纵。被吊起的机器内绝对不能有人。用于吊运机器的钢丝绳一定要有很宽裕的强度来吊起机器的重量。一定按照下面所给出的位置和姿态来吊运机器，绝对不能试图用别的方式。

① 粘贴起重位置标记的位置（图 2-80）。

② 起重程序（图 2-81） 只有当机器有起重标记时才能进行起重工作。在开始起重作业之前，把机器停在一个水平的地方，并按下列方法进行。

a. 启动发动机，确保机器在水平，然后把工作装置放置到运输姿态。如图（a）所示。

b. 把工作装置安全锁的杠杆推到“锁紧”位置。如图（b）所示。

c. 停止发动机，检查驾驶室周围是否安全，然后用安全杆锁紧，使得前、后机架的铰链不能活动。如图（c）所示。

d. 把起重设备安装到前机架前面和后机架后面的起重钩

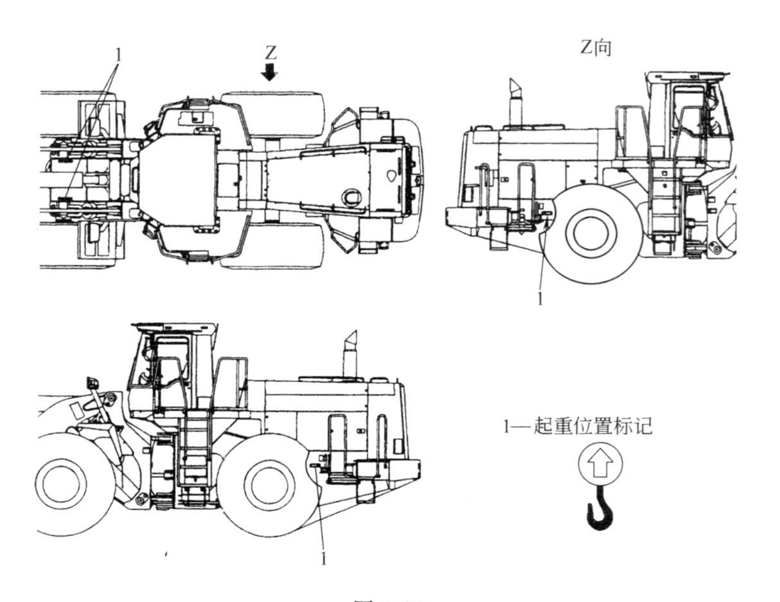

图 2-80

（有起重标记）上，如图（d）所示。

e. 当机器已离地时要停一下，等机器稳定，然后继续慢慢进行起重作业。

警告：当把机器吊起时，要检查液压油路或其他任何部分应不漏油。

（4）运输的注意事项

警告：确定机器的运输路线时要考虑到机器的宽度、高度和重量。

要遵守国家和地方有关运输物体的重量、宽度的所有法律。要服从有关宽型物体运输的所有法规。

2.4.4 冷天作业

（1）低温操作注意事项

当气温降低时，启动发动机有困难，冷却液会结冰，所以请按下列步骤操作。

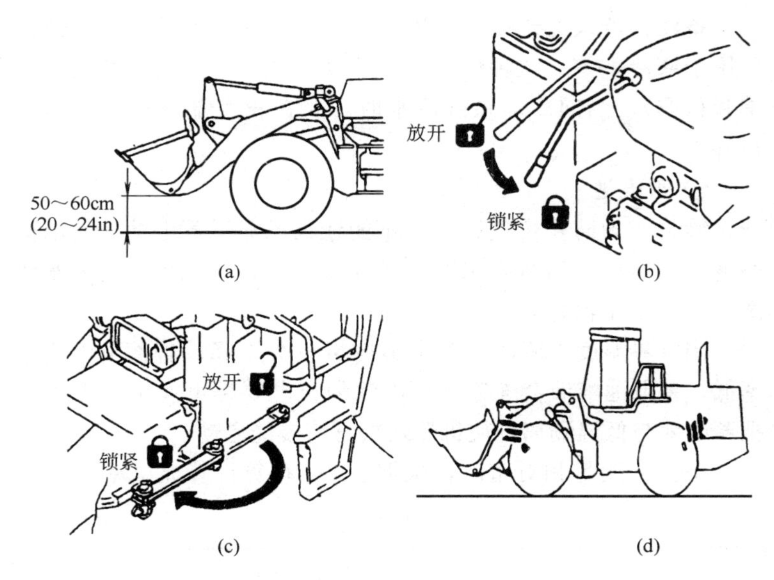

图 2-81

① 燃油和润滑剂。

所有部件都改用低黏度燃油和润滑油。

② 冷却液。

警告：让防冻液远离火源。使用防冻液时切勿吸烟。

注意：绝对不使用以甲醇、乙烯醇和丙醇为主要成分的防冻液。绝对避免使用防渗水剂，无论是独立使用或与防冻液混用。不能把不同品牌的防冻液混合使用。

要使用符合下列所示的标准要求的永久型防冻液（甘醇与防腐剂、防沫剂等混合）。使用永久型防冻液，冷却液在一年内不用更换。若对现有的防冻液是否符合标准要求有疑问，可向防冻液供应商获取信息。

永久型防冻液的标准要求：

- SAE（美国汽车工程师协会）：J1034；
- 联邦标准：O-A-548D。

备注：若没有永久型防冻液，不含防腐剂的甘醇防冻液仅可用于寒冷季节。这种情况下，冷却系统需一个清洗两次（春季和秋季）。当向冷却系统注水时，要在秋季加防冰液，而不在春季。

③ 蓄电池。

警告：为防止燃气爆炸，不能让火源靠近蓄电池。蓄电池溶液是危险的，若溅入眼睛或溅在皮肤上，应该用大量的水清洗，并请医生治疗。

当外界温度下降时，蓄电池容量也会下降。若蓄电池充电率低，蓄电池溶液会冻冰。蓄电池的充电要尽可能接近100%，把蓄电池与低温隔离，使机器在次日清晨能启动。

备注：测量相对密度，根据表2-7换算计算充电率。

表 2-7

充电率	液体温度				
	20℃	0℃	-10℃	-20℃	-30℃
100%	1.28	1.29	1.30	1.31	1.32
90%	1.26	1.27	1.28	1.29	1.30
80%	1.24	1.25	1.26	1.27	1.28
75%	1.23	1.24	1.25	1.26	1.27

（2）完成作业后的注意事项

为防止淤泥、水或底盘冻冰，使机器在次日早晨仍能正常运行，要遵守下列注意事项。

① 机器上的淤泥和水应被彻底清除。这是为了防止淤泥或污物中的水分进入密封装置并冻结后造成密封件受损。

② 将机器停放在坚硬、干燥的地面上。若无法做到，则应把机器停放在木板上。木板有助于防止履带冻在泥土里，使机器在次日早晨能够启动。

③ 把油箱空气排出，以防水气积聚在油箱内部。

④ 打开排放阀，将聚集在燃油系统的水排出，防止其冻冰。

⑤ 由于电池在低温下容量明显下降，所以要把蓄电池盖住，或将蓄电池从机器上撤下来，安置在气温较高的地方，次日早晨再安置到机器上。

(3) 冷天之后转暖的操作

当季节变化，天气变暖时，按以下方法来做。

① 用规定黏度的油来替换所有各部分的燃油和润滑油。

② 如果因某些原因而不能使用永久型防冻液，可用以甘醇为主要成分的防冻液（冬季，一季型）来替代，或者，若没有防冻液可用，则完全将冷却系统排空，然后彻底清洗冷却系统内部，并灌注新鲜水。

③ 由于 AFS（自动点火系统）已变得没有用（在 15°或以上），故一定要把 AFS 的燃油阀关闭。

(4) 转向液压油路在冷天的预热操作

警告：当油温低时如果方向盘转动和停止，车辆可能要花一些时间才能停止转弯。在这种情况下，要在更大的范围内进行预热操作，用安全杆确保安全。不要把液压油路内的液压油连续溢流超过 5 秒钟。

当温度低时，不要在发动机启动之后就立即开始车辆的作业。

图 2-82

转向液压油路的油预热：把方向盘向左向右慢慢转动以把转向阀里的油预热（重复本操作约 10 分钟，以对油进行预热）。

注意：把方向盘转动一点儿即停在那里。然后确认车辆转动的角度是否等于方向盘转动的角度。

推荐的油：根据图 2-83 所示的温度来选择油。

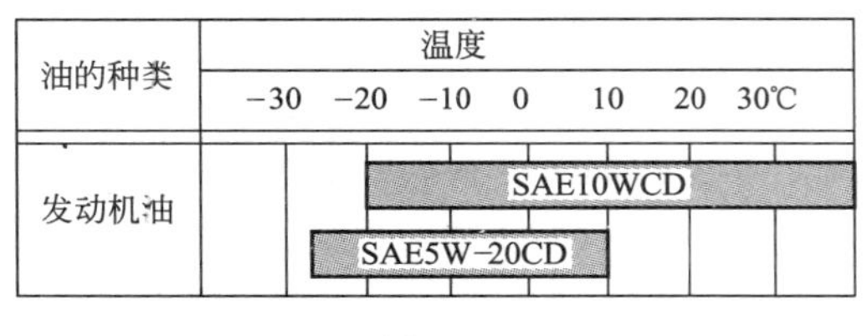

图 2-83

在低温地区，即使采用 SAE5W-20CD 的油，但也不要忘记要进行预热操作。

如果在寒冷季节用 SAE5W-20CD 的油，在寒冷季节过去之后，换为 SAE10WCD。

2.4.5 长期存放

(1) 存放之前

将机器长期存放时，按以下步骤操作。

① 清洗和晾干每一部件之后，将机器置于干燥的库房。千万勿使其暴露在户外。若必须置于户外，则要置于排水良好的混凝土上，再用帆布等盖上。

② 存放前灌满燃油箱，并进行润滑和换油。

③ 在液压活塞杆的金属表面涂上一层薄薄润滑脂。

④ 切断蓄电池的负端子并盖上，或从机器上卸下分开存放。

⑤ 若外界温度预计低于 0°，则要在冷却系统中添加防冻液。

⑥ 用安全锁锁住铲斗控制杆、提升臂控制杆和方向操纵杆，然后施加停放制动。

(2) 在存放期间

警告：当机器置于室内时，如果必须进行防锈操作，则可打开门窗，改善通风，防止气体中毒。

每月操作机器并让机器短距离行走一次，这可使运动部件和零件表面会敷上一层新油膜，同时也给蓄电池充电。操作工作装置之前，要擦去液压活塞杆上的润滑脂。

(3) 存放之后

注意：若机器存放期间未进行每月一次的防锈操作，可请求机器经销商提供服务。

当机器从长期存放取出时，应进行以下程序。

① 擦去液压缸杆上的润滑脂。

② 给所有部件加油和润滑脂。

第3章 动力系统

3.1 装载机的基本结构

装载机由装载机架、发动机、传动系统、行走系统、工作装置、转向系统、制动系统、液压系统、电气系统和驾驶室等部件组成，如图 1-1 所示。装载机的发动机布置在后部，驾驶室在中间，这样整机的重心位置比较合理，驾驶员视野较好，有利于提高作业质量和生产率。动力从柴油发动机传递到液力变矩器，再经过万向联轴器，传递到变速箱。通过变速箱，动力分别传递到前、后桥驱动车轮行走。

工作装置是由油泵、动臂、铲斗、杠杆系统、动臂油缸和转斗油缸等构成。油泵的动力来自柴油发动机。动臂铰接在前车架上，动臂的升降和铲斗的翻转，都是通过相应液压油缸的运动来实现的。

为了完成各种形式的工作，装载机配备了各种可更换的工作机具，如侧卸式铲斗、万能推土板、腭式抓斗、起重吊钩等。

3.2 动力系统——柴油发动机

3.2.1 柴油机型号编码

我国于 1991 年修订的国家标准《内燃机产品名称和型号编制规则》（GB 725—1991），对内燃机产品的名称、型号及编制规则进行了规范。该标准的主要内容如下：

① 内燃机产品的名称均按所采用的燃料类型命名，例如

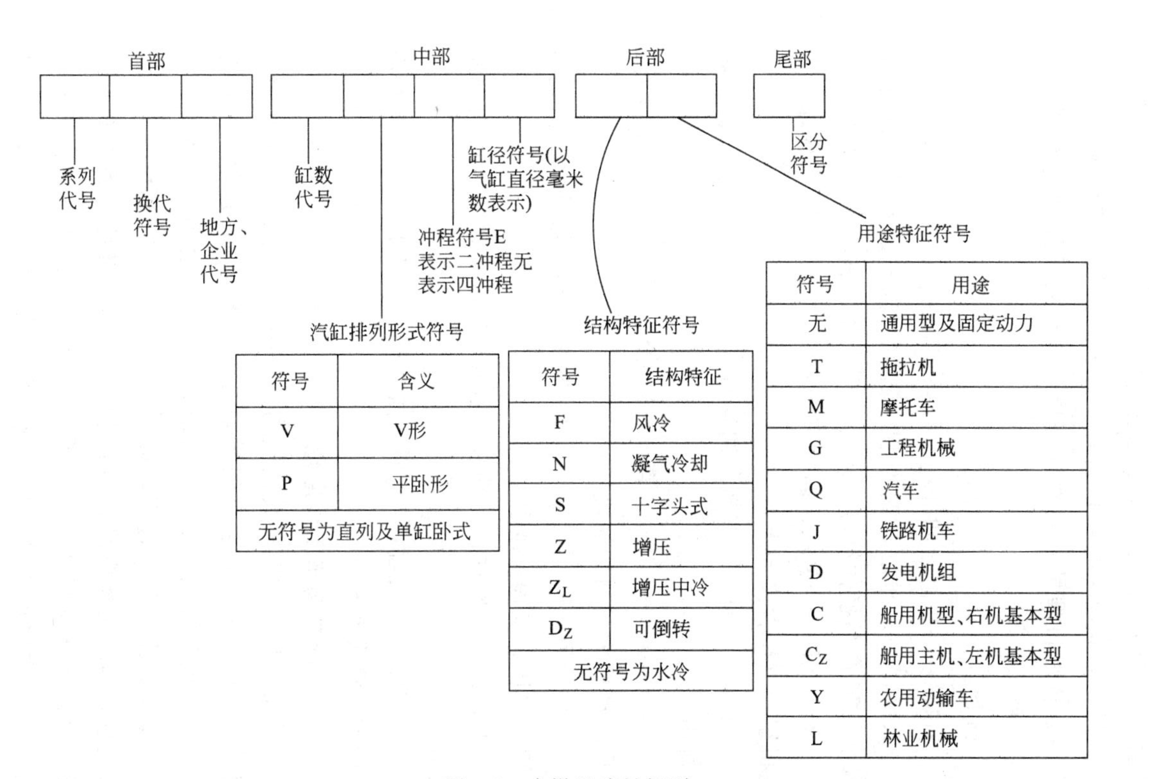
首部
系列代号
换代符号
地方、企业代号
中部
缸数代号
汽缸排列形式符号
冲程符号E表示二冲程无表示四冲程
缸径符号(以气缸直径毫米数表示)
后部
结构特征符号
用途特征符号
尾部
区分符号
符号
含义
V
V形
P
平卧形
无符号为直列及单缸卧式
符号
结构特征
F
风冷
N
凝气冷却
S
十字头式
Z
增压
ZL
增压中冷
DZ
可倒转
无符号为水冷
符号
用途
无
通用型及固定动力
T
拖拉机
M
摩托车
G
工程机械
Q
汽车
J
铁路机车
D
发电机组
C
船用机型、右机基本型
CZ
船用主机、左机基本型
Y
农用动输车
L
林业机械

图 3-1 内燃机编号规则

柴油机、汽油机、石油天然气发动机等。

② 内燃机型号由汉语拼音字母和阿拉伯数字组成。

③ 内燃机型号由四部分组成，其排列顺序及符号意义如图 3-1 所示。

例如：

165F——单缸、四冲程、缸径 65mm、风冷、通用型；

R175A——单缸、四冲程、缸径 75mm、水冷、通用型（R 为 175 产品换代符号、A 为系列产品改进的区分符号）；

R175ND——单缸、四冲程、缸径 75mm、凝气冷却、发电机组用（R 含义同上）；

495T——四缸、直列、四冲程、缸径 102mm、水冷、拖拉机用；

YZ6102Q——六缸、直列、四冲程、缸径 102mm、水冷、车用、产地为扬州柴油机厂；

12V135ZG——十二缸、V 形排列、四冲程、缸径 135mm、水冷、增压、工程机械用；

1E65F——单缸、二冲程、缸径 65mm、风冷、通用型发动机；

4100Q-4——四缸、直列、四冲程、缸径 100mm、汽车用第四种变型发动机。

3.2.2 柴油机简单工作原理

发动机是一种能量转换机构，它将燃料燃烧产生的热能转变成机械能。那么，它是怎样完成这个能量转换过程，把热能转换成机械能的呢？要完成这个能量转换，必须经过进气、压缩、做功、排气四个过程，即把可燃混合气（或新鲜空气）引入气缸，压缩可燃混合气（或新鲜空气），至接近终点时点燃可燃混合气（或将柴油高压喷入气缸内形成可燃混合气并引燃），着火燃烧的可燃混合气受热膨胀推动活塞下行实现对外做功，最后排出燃烧后的废气。把这四个过程叫做发动机的一个工作循环，工作循环不断地重复，就实现了能量转换，使发动机能够连续运转。把完成一个工作循环，需要曲轴转两圈(720°)，活塞上下往复运动四次的发动机称为四冲程发动机。

3.2.3 多缸柴油机的工作过程

四冲程柴油机每个工作循环中只有燃烧膨胀冲程才做功，而进气、压缩和排气三个辅助冲程不但不做功，而且还消耗一部分功，用来压缩气体和克服进、排气时的阻力。因此，在柴油机运行时，由于各冲程中有的获得能量而有的消耗能量，造成转速不均匀，有时加速有时减速。

柴油机运转不均匀，既达不到匀速运转的要求，又使运动零件在工作过程中受到冲击，引起零件的严重磨损，有时会造成损坏。因此，提高运转的均匀性是柴油机结构上十分重要的问题。

提高柴油机运转均匀性通常采用两种方法：一是在曲轴上安装飞轮；二是采用多缸结构形式。

飞轮是一个具有较大转动惯量的圆盘，安装在柴油机的曲轴后端。当柴油机在燃烧膨胀冲程中气体压力通过活塞连杆推动曲轴时，也带动飞轮一起转动。此时飞轮将获得的一部分能量“储存”起来。当柴油机运转到其他三个辅助冲程时，飞轮便释放出所“储存”的能量，使曲轴仍然保持原有的转速，从而大大提高柴油机运转的均匀性。因此，单缸柴油机上必须安装一个尺寸与质量相当大的飞轮，以保证它的正常运转。

由于社会生产的发展，要求柴油机的功率增加，于是就出现了多缸柴油机。多缸柴油机具有两个和两个以上的气缸，各缸的活塞连杆机构都连接在同一根曲轴上。一般多缸柴油机气缸数为4缸、6缸、8缸、12缸和16缸。根据气缸排列方法不同，又可分为直列式和V形等。

在多缸机中，对每个气缸来讲，它是按照前述的单缸柴油机的工作过程进行工作的。但在同一时刻，每缸所进行的工作过程却不相同。它们是根据气缸数目和曲柄排列方式的不同，按照一定的工作顺序而工作的。为了保证发动机运转均匀性和平衡性的要求，对四冲程柴油机，曲轴转动两转（即720°）内，每个气缸都必须完成一个循环。因此，各缸应相隔一定的转角而均匀地点火。若多缸柴油机有 i 个气缸，则点火间隔角应为

$$\theta=720°/i$$

由上式可知：四缸机的点火间隔角为180°。各缸的点火顺序可为：1—3—4—2，即表示第一缸点火以后，依次按第3、4、2缸的顺序相继点火。

图3-2为四缸柴油机示意图，表3-1为四缸柴油机的点火顺序。四缸柴油机的曲轴由四个曲拐构成，各曲拐平面之间的相互夹角为180°。若第1、4缸内的活塞运行到上止点位置时，经第1缸进行做功冲程，第4缸进行吸气冲程，而第3缸和第2缸分别开始进行压缩和排气冲程。在曲轴转过180°后，则第2缸和第3缸的活塞处于上止点位置，第3缸开始进入做功冲程，第2缸为进气冲程。此时1、4缸分别为排气冲程和压缩冲程。如此循环，使四个气缸每隔180°曲轴转角，交替进入做功冲程推动活塞运动。4135型和4125型柴油机即按此点火顺序工作。根据四缸机曲拐排列的特点，也可按1—2—4—3的点火顺序工作。

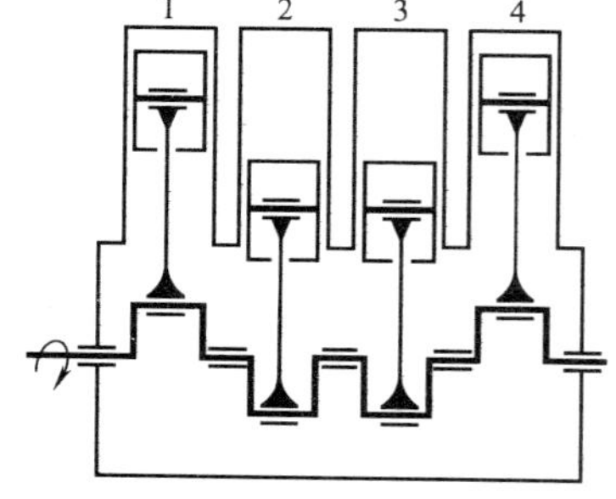

图3-2　四缸四冲程柴油机示意图

表 3-1 四缸柴油机工作顺序

曲轴转角	第 1 缸	第 2 缸	第 3 缸	第 4 缸
0°～180°	做功	排气	压缩	进气
180°～360°	排气	进气	做功	压缩
360°～540°	进气	压缩	排气	做功
540°～720°	压缩	做功	进气	排气

根据公式，对于六缸柴油机的点火间隔角应为 120°（720°/6）曲轴转角，各曲拐平面之间的相互夹角也为 120°，各缸点火顺序一般为 1—5—3—6—2—4（如 6135 型柴油机等）。这种工作次序既能保证发动机有较好的运转均匀性和平衡性，又不使相邻气缸连续点火，这对曲轴承的工作有利。图 3-3 为六缸柴油机的示意图，表 3-2 为六缸柴油机的工作过程。

表 3-2 六缸柴油机的工作过程

<table>
<tr><th>曲轴转角</th><th>第 1 缸</th><th>第 2 缸</th><th>第 3 缸</th><th>第 4 缸</th><th>第 5 缸</th><th>第 6 缸</th></tr>
<tr><td rowspan="3">0°～180°</td><td rowspan="3">做功</td><td>排气</td><td rowspan="4">进气
压缩</td><td rowspan="4">做功
排气</td><td rowspan="2">压缩</td><td rowspan="3">进气</td></tr>
<tr><td rowspan="3">进气</td></tr>
<tr><td rowspan="3">做功</td></tr>
<tr><td rowspan="3">180°～360°</td><td rowspan="3">排气</td><td rowspan="3">压缩</td></tr>
<tr><td rowspan="3">压缩</td><td rowspan="3">做功</td><td rowspan="3">进气</td></tr>
<tr><td rowspan="3">排气</td></tr>
<tr><td rowspan="3">360°～540°</td><td rowspan="3">进气</td><td rowspan="3">做功</td></tr>
<tr><td rowspan="3">做功</td><td rowspan="3">排气</td><td rowspan="3">压缩</td></tr>
<tr><td rowspan="3">进气</td></tr>
<tr><td rowspan="3">540°～720°</td><td rowspan="3">压缩</td><td rowspan="3">排气</td></tr>
<tr><td rowspan="2">排气</td><td rowspan="2">进气</td><td rowspan="2">做功</td></tr>
<tr><td>压缩</td></tr>
</table>

3.2.4 柴油机的组成

（1）曲柄连杆机构

① 气缸体 气缸体由高强度铸铁制成。在气缸体上安装

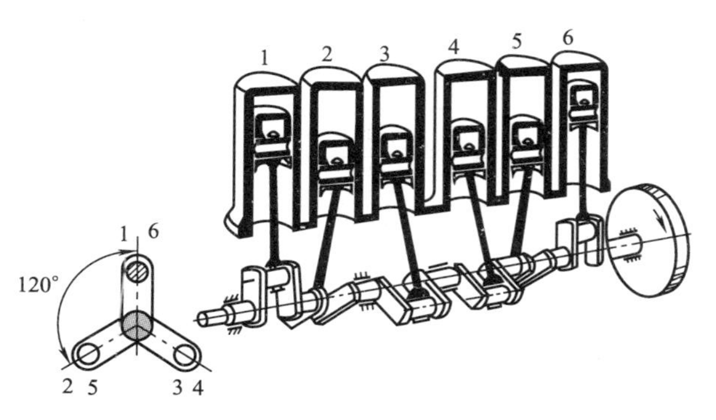

图 3-3　六缸柴油机示意图

气缸套、曲轴、凸轮轴、气缸盖等。气缸套安装在气缸体中，其内壁光滑，形成气缸，活塞沿着该表面做直线运动。气缸套和气缸体形成流动冷却水的通道为水道。图 3-4 为 6135 柴油机气缸体。

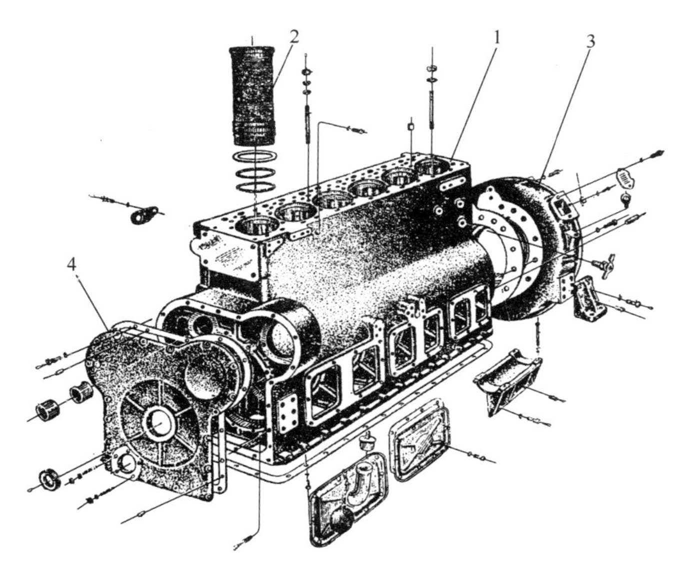

图 3-4　6135 柴油机气缸体

1—气缸体；2—气缸套；3—飞轮壳；4—前盖

② 气缸盖　气缸盖用螺栓固定在气缸体顶部，与气缸体形成封闭的空间。气缸盖上每一气缸装有气门导管，下面装有进气门座。气缸盖上有进、排气通道，分别与进、排气支管连接。气缸盖水套与气缸体水套相通。气缸盖与缺氧体连接之间装有气缸垫，用以防止漏水和漏气。气缸盖上装配气机构的进气门、排气门、气门弹簧、摇臂、摇臂轴、摇臂座、喷油器等零件。图 3-5 为 6135 柴油机气缸盖。

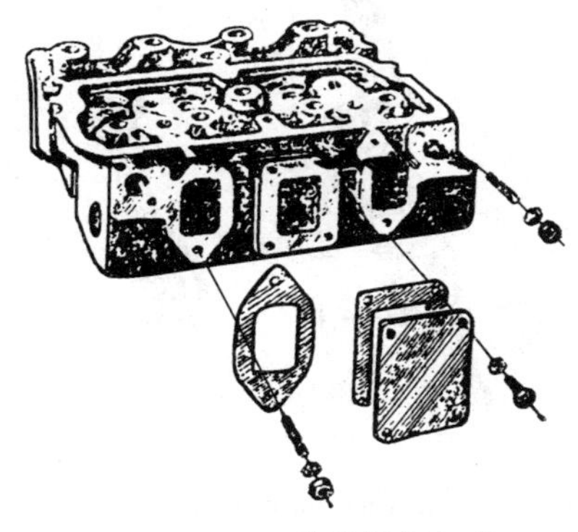

图 3-5　6135 柴油机气缸盖

③ 活塞连杆组（见图 3-6）　活塞的作用是将气缸中燃烧所产生的高压气体的压力经连杆传递给曲轴，带动完成进气、压缩、排气三个辅助冲程的工作。活塞上带有装活塞环的环槽。活塞环分气环和油环两种，见图 3-7。一般气环为 2～3 件，装在活塞的上部用来密封活塞和气缸之间的间隙（密封气体）。油环装在活塞环槽的下部，一般为 1～2 件，用来刮去气缸壁上过多的机油，防止机油窜入燃烧室。为了防止气体从活塞环的开口处漏出，安装时各活塞环的开口位置应交叉。有时在活塞环与活塞槽之间安装弹性的衬环，以增加活塞环的弹性。

活塞销是一根钢制的空心轴，用来连接活塞与连杆。为防止活塞销的横向移动，在活塞销座中安装两个固定弹簧。

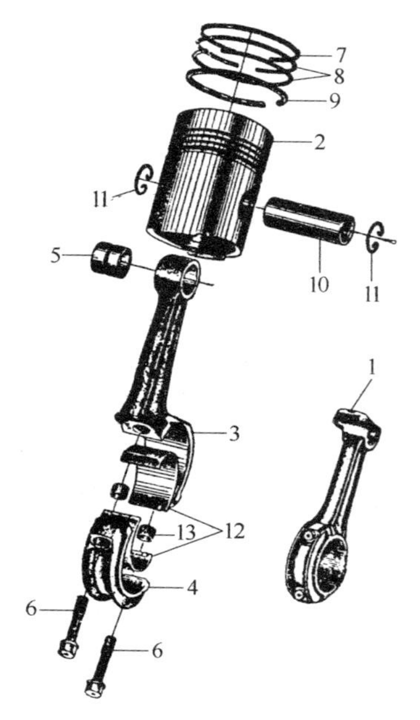

图 3-6　活塞连杆组

1—连杆；2—活塞；3—连杆体；4—连杆套；5—连杆衬套；6—连杆螺钉；7,8—气环；9—油环；10—活塞销；11—弹簧；12—连杆轴瓦；13—定位套筒

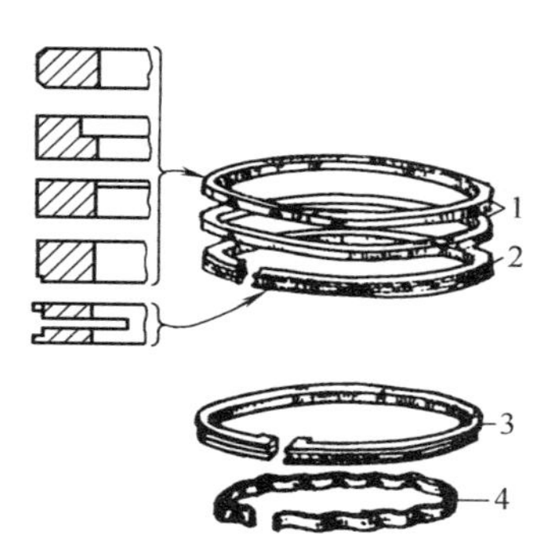

图 3-7　活塞环

1—气环；2,3—油环；4—衬环

连杆的作用是将活塞和曲轴连接起来，在做功冲程时将活塞承受的动力传递给曲轴，变活塞的直线运动为曲轴的扭转运动。在其他三个工作冲程中又将曲轴的动力传递给活塞，变曲轴的旋转运动为活塞的直线运动。

连杆和活塞销连接的部分称为连杆的小头，见图 3-6。孔内有连杆衬套 5。与曲轴连接的部分称为连杆的大头，分为上下两个部分，用连杆螺钉 6 连接，内装有两个半圆形的连杆轴瓦 12。大、小头之间为连杆杆身。为减轻重量，连杆杆身截面一般为工字形。

④ 曲轴　曲轴的作用是把连杆传来的推力变成扭矩，通过飞轮传递给装载机的传动系统。曲轴的主轴颈用轴承安装在气缸体的主轴承座孔中，连杆轴颈和连杆大头连接。主轴颈和连杆轴颈之间称为曲柄。曲轴后端凸缘（法兰）与飞轮相连，前端装有正时齿轮、皮带轮等。按曲轴的结构有整体式（图 3-8）和组合式（图 3-9）两种。组合式曲轴由若干曲柄用螺栓连接而成，主轴颈用滚动轴承支承在气缸体中，和整体曲轴相比摩擦阻力小，机械效率高，易于启动；滚动轴承尺寸小，因而可以缩短柴油机长度。维修时可以更换个别曲柄。

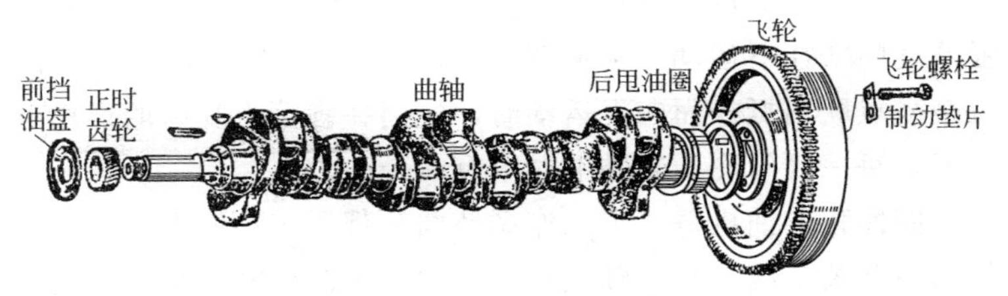

图 3-8　整体式曲轴

⑤ 油底壳　油底壳是储存机油的油池，用螺栓安装在气缸体下面。一般装载机用柴油机使用的均为加深油底壳，可以保证柴油机在纵倾 30°、横倾 25°时正常工作。

（2）配气机构

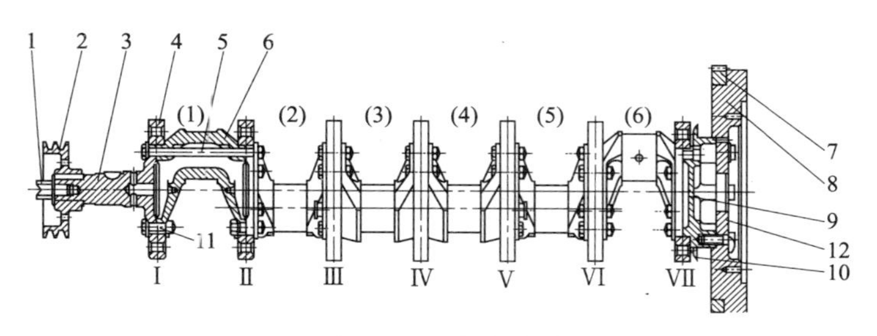

图 3-9 组合式曲轴

1—启动爪；2—皮带轮；3—前端轴；4—滚动轴承；5—连接螺钉；6—曲轴；7—飞轮齿圈；8—飞轮；9—后端凸缘；10—挡油圈；11—定位螺钉；12—销片

配气机构的功能是按照每一气缸的工作过程和各缸的工作顺序，定时开启和关闭各气缸的进、排气门，使新鲜空气及时进入气缸，废气及时排出气缸。

配气机构由气门组和气门传动组组成，见图 3-10。气门组包括气门 3、气门导管 2、气门弹簧 4 和 5、弹簧座 6、锁片 7 等；气门传动组由摇臂轴 9、摇臂 10、推杆 13、挺杆 14、凸轮轴 15 和正时齿轮等组成。

柴油机工作时，曲轴通过正时齿轮带动凸轮轴 15 旋转。凸轮最高点向上运动时，顶起挺杆 14，通过推杆 13、摇臂 10 强迫气门 3 往下运动，克服弹簧 4、5 的力，使气门打开。凸轮最高点脱离挺杆而向下运动时，气门在弹簧恢复力的作用下关闭，每一气门在凸轮轴上对应有一个凸轮。

四冲程柴油机每一个工作循环曲轴都要转动两圈，进、排气门各开关一次，凸轮轴只转动一圈。由此可知曲轴和凸轮轴之间的传动比为 2∶1。

柴油机在做功冲程终了时，气缸内有 0.3～0.4MPa 的压力。如果在活塞达到下止点时才打开排气门，由于气门不可能瞬时达到全开程度，而是从很小的开度逐渐扩大。在此过程中，开始排气的阻力较大，不易排除。一般排气门在活塞下行

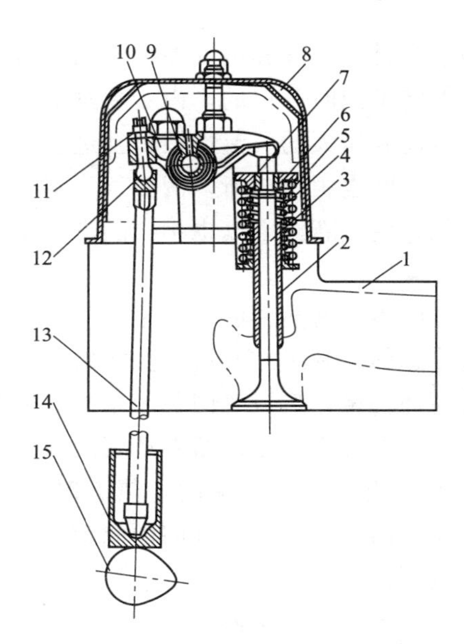

图 3-10 配气机构

1—气缸盖；2—气门导管；3—气门；4—气门主弹簧；5—气门副弹簧；6—弹簧座；7—锁片；8—气门室罩；9—摇臂轴；10—摇臂；11—锁紧螺母；12—调整螺钉；13—推杆；14—挺杆；15—凸轮轴

至下止点之前就打开，这时可以利用燃气本身的压力进行排气。通常早开角度在40°～80°曲轴转角之间。从排气门打开至活塞达到下止点阶段排出的废气占排气总量的60% ～70%。随后，活塞向上运动进行排气，在接近排气冲程终了时，排气门关闭，排气阻力增大。为使气缸内残留的废气尽可能地排出，将排气门关闭推迟到上止点后10°～30°，此时活塞虽然已经过了上止点而向下运动，但由于废气排出的惯性作用，气缸内的废气还可以利用惯性继续排出。

排气冲程终了后开始进气冲程。同样，为了使新鲜空气尽量多地进入气缸，进气门提前在排气冲程终了之前打开，而在活塞下行至下止点之后关闭。

由上可知，在排气冲程和进气冲程开始前后，进气门、排气门有一小段时间是同时开启的。由于新鲜空气和废气气流各有自己的流动方向和较大的气流惯性，且进、排气门这时开度都不大，开启的时间也很短，所以两股气流不致相混，即废气不会倒流入进气管内，新鲜空气也不会随废气排出，反而有利于换气。

柴油机工作时零件受热膨胀，如果气门及其传动件在冷态装配时是紧密接触的，则工作时由于受热的伸长量大大超过气缸体和气缸盖的伸长量，造成气门关闭不严。因此，在冷态装配时，其门尾端和摇臂之间必须留有适当间隙。为了保证柴油机在任何工况下气门都能严密关闭，热态时也应有一定的间隙，该间隙称作气门间隙。每个气门的间隙大小可通过调节相应摇臂上的调整螺钉获得。

(3) 燃油供给系统和调速器

① 燃油供给系统的组成　如图 3-11 所示，燃油供给系统是由输油泵、燃油滤清器、喷油泵、喷油器及燃油管路等组成。

柴油机工作时，输油泵从油箱中吸取燃油，送至燃油滤清器，经滤清器后进入喷油泵。在喷油器内燃油压力被提高，并按不同工况所需的燃油量经高压油管输至喷油器，最后经喷油器以雾状喷入燃烧室内。输出泵供应多余的燃油经燃油滤清器管路返回油箱中，喷油器顶部回油管中流出的少量燃油也回到油箱，见图 3-12。

② 输油泵　通常采用活塞式输油泵，装在喷油泵的侧面，由喷油泵中凸轮轴上的偏心凸轮驱动。柴油机启动前可用输油泵上的手泵进行泵油并排除管路中的空气。

单作用活塞式输油泵的工作原理见图 3-13。装在输油泵壳体内的活塞将泵体内腔分为上下两腔。当凸轮轴转动时，活塞在挺杆和弹簧力的作用下，上下往复运动，其泵油过程如下：偏心轴转动，凸轮推动推杆，克服弹簧力使活塞往上运

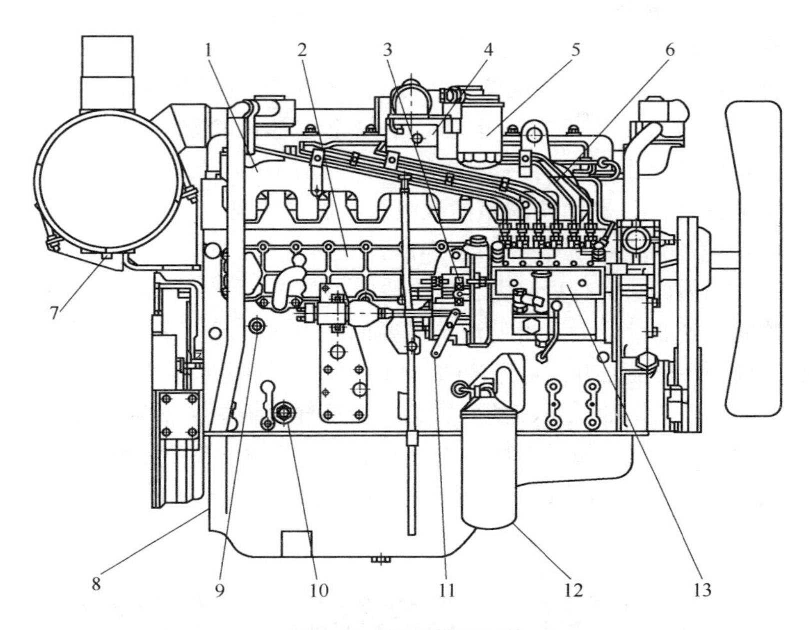

图 3-11　燃油供给系统

1—进气歧管；2—机油冷却器；3—调速器操纵杆；4—进气加热器；5—燃油滤清器；6—燃油管；7,9—排水口；8—通气孔软管；10—油压安全阀；11—调速器停车操纵杆；12—滤油器；13—喷油泵

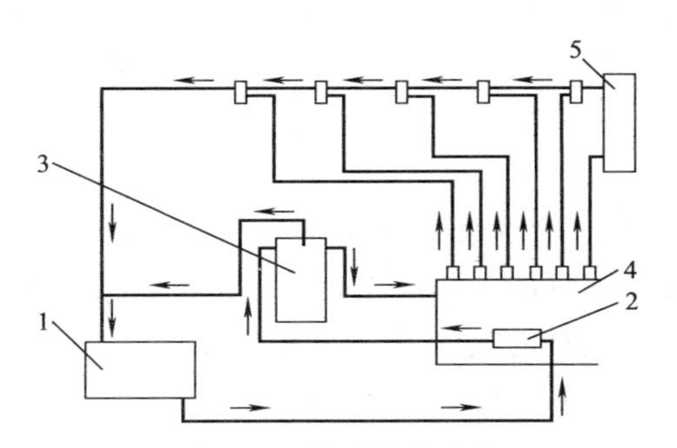

图 3-12　燃油供给油路

1—燃油箱；2—输油泵；3—燃油滤清器；4—喷油泵；5—喷油器

动，见图 3-13（b），使上腔油压增加，进油阀关闭，出油阀打开，上腔油经出油阀流向下腔。当凸轮的最高点转过后，活塞在弹簧力作用下向下运动，于是下腔油压增加，出油阀关闭，柴油经出口流到燃油滤清器。与此同时，上腔压力降低，进油阀打开，燃油箱的燃油被吸入上腔。可见，在此向下行程中，输油泵同时完成吸油和排油，见图 3-13（a）。

活塞的最大行程取决于凸轮的偏心距，当活塞以最大行程工作时，输油量最大。当喷油泵需要的燃油减少或滤清器堵塞时，下腔的油压随之升高，弹簧的作用力不足以将活塞推倒，只能达到与下腔活塞油压平衡的位置为止，这样就缩短了活塞的行程，减少了输油量，如图 3-13（c）所示。因此，输油泵的输油量可根据喷油泵所需的油量自行调节，输油压力则由弹簧力决定。

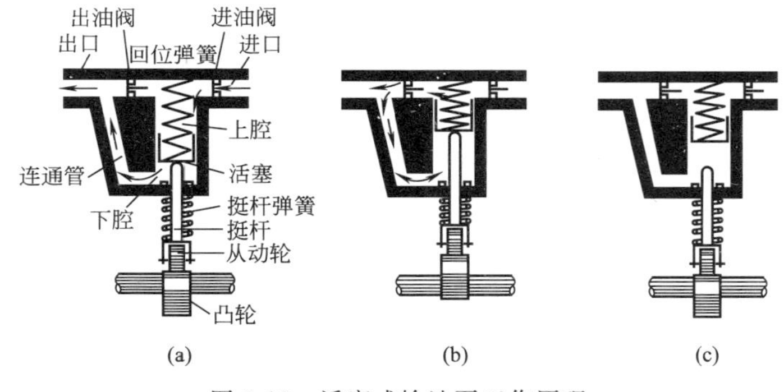

图 3-13　活塞式输油泵工作原理

③ 喷油泵　喷油泵的作用是提高柴油压力，并按柴油机负荷大小及各气缸的工作次序，将一定量的柴油在规定的时间内一次送达各气缸的喷油器，喷入气缸。

图 3-14 为 6135 柴油机所采用的Ⅱ号喷油泵剖面图。油泵上体 8 固定六只柱塞套，柱塞可在柱塞套内上下移动，组成柱塞偶件 14。柱塞套上有两个径向油孔与油泵上体内的低压油腔相通。从燃油滤清器来的柴油，从一端的油管进入低压油腔。

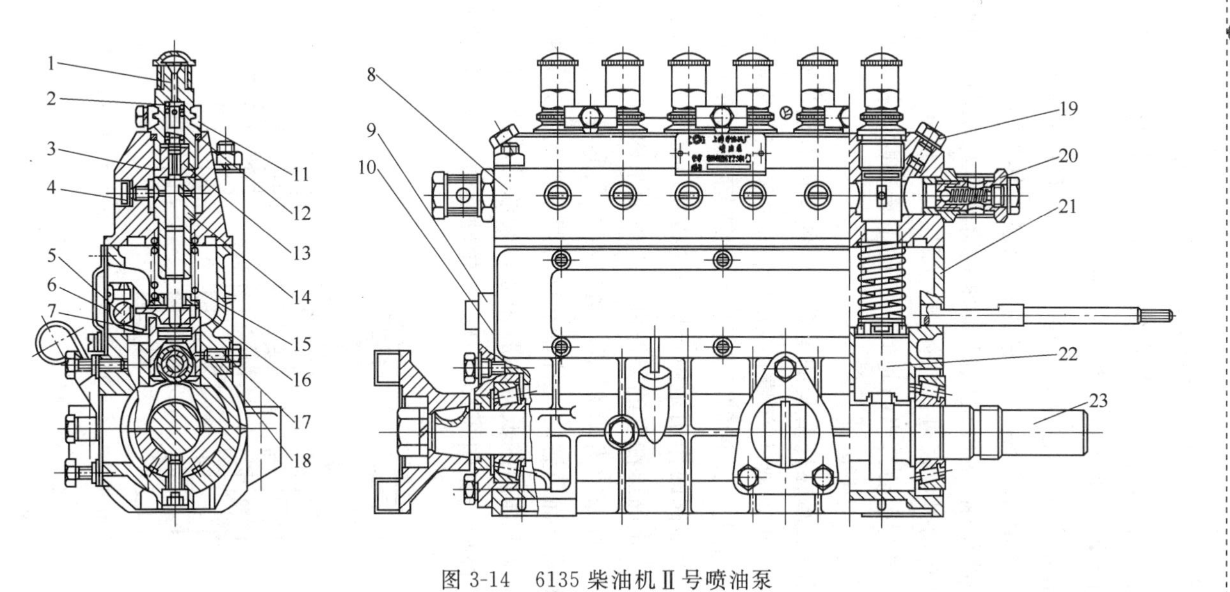

图 3-14 6135 柴油机Ⅱ号喷油泵

1—出油阀紧座；2—减容器；3—出油阀垫片；4—套筒定位钉；5—拉杆；6—调节叉；7—垫片；8—油泵上体；9—轴盖板；10—调整垫片；11—出油阀弹簧；12—密封垫；13—出油阀偶件；14—柱塞偶件；15—柱塞弹簧；16—弹簧下座；17—调节臂；18—定位钉；19—放气螺钉；20—溢油阀部件；21—油泵下体；22—滚轮体部件；23—凸轮轴

为了保证低压油腔充满柴油，油泵上体的另一端装有溢油阀20，当低压油腔内的压力达到规定值0.1MPa时阀打开，多余的柴油经回油管回到滤清器。柱塞下端固定着调节臂17，柱塞弹簧15装在油泵上体和弹簧下座16之间。在凸轮轴的凸轮和柱塞之间有滚轮体部件22，它能在油泵下体21中上下移动。喷油泵的凸轮轴23由柴油机曲轴前端的齿轮驱动，当凸轮的凸部向上转动时，通过滚轮体中的滚轮克服柱塞弹簧的作用力推动柱塞向上运动。当凸轮的凸部向下转动时，柱塞在柱塞弹簧力的作用下向下运动。

出油阀阀座支承在柱塞套的上端面，阀座内有出油阀组成出油阀偶件13，出油阀上部锥面用出油阀紧座1及出油阀弹簧11压紧在阀座上，出油阀下部呈十字形断面，既能导向又能通过柴油。出油阀的作用是停止供油时将高压油管与柱塞上端空腔隔绝，防止高压油管的柴油倒流入喷油泵内。

如图3-15，柱塞上开有斜槽，槽内有小孔和柱塞上端相通，当柱塞在最下面位置时，柱塞套筒上两个油孔打开，柱塞上部空腔与油泵上体内的低压油腔相通，柴油从输油泵经滤清器充满柱塞套筒内，见图3-15（a)。凸轮轴旋转，当凸轮顶起

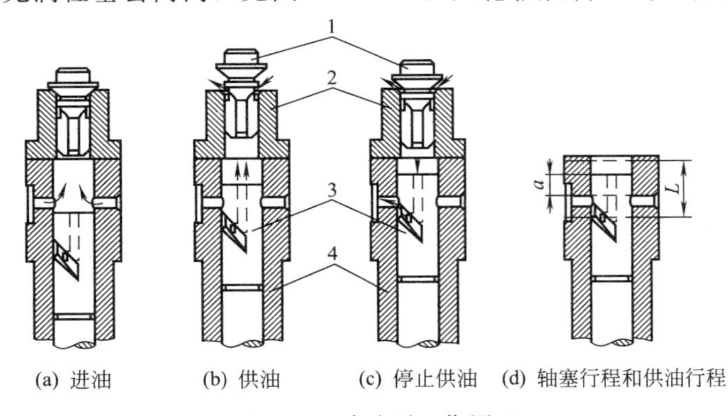

(a) 进油　(b) 供油　(c) 停止供油　(d) 轴塞行程和供油行程

图3-15　喷油泵工作原理

1—出油阀；2—出油阀座；3—柱塞；4—轴塞套筒

滚轮体时，柱塞随之上移，直到柱塞顶面遮住套筒油孔的上缘时，由于柱塞与套筒配合间隙很小，柱塞上端成为一个密封油腔，柱塞继续上升，此油腔中的油压继续升高，推开出油阀，高压柴油便经出油阀进入高压油管，使喷油器针阀开启，向燃烧室喷油，见图 3-15（b）。柱塞的供油行程一直持续到柱塞斜槽与套筒上油孔相通为止，这时柱塞上端的油腔经柱塞上的小孔及斜槽与低压油腔相通，油压骤然下降，出油阀立即关闭，停止供油，随后柱塞虽继续上升，但因柱塞上端油腔和低压油腔保持相通，故此油腔中柴油返回到低压油腔而仍不供油，见图 3-15（c）。凸轮轴继续旋转，当柱塞上升到最高点以后，便在柱塞弹簧力的作用下向下移动，低压油腔的柴油又进入柱塞上端的油腔。

由此可知：柱塞往复运动的总行程 L 总是不变的，由凸轮的升程决定，但其供油行程 a ［见图 3-15（d）］是从柱塞完全封闭柱塞套筒上的油孔开始，到柱塞上斜槽与此油孔沟通时所对应的柱塞行程。由于槽是斜的，所以转动柱塞就可以改变供油行程 a。显然，供油开始的柱塞位置不随供油行程的变化而变化。

喷油泵供油量控制机构见图 3-16。拉动拉杆 3，固定在拉杆上的调节叉 4 便拨动插在它槽中的调节臂 5，转动柱塞 2，改变供油行程。

④ 喷油器　喷油器装在气缸盖上，每一个气缸装一个。图 3-17 为喷油器剖面图。装在喷油器内的调压弹簧 7 通过挺杆 8 使针阀 11 的端部紧压在针阀体 12 的锥孔中。从喷油泵来的高压柴油经进油管接头 16、喷油器体 9 与针阀体 12 上的孔进入针阀中部周围的环状空间。油压作用在针阀周围的锥面 B 上，对针阀施加一个向上的力，当此力克服了调压弹簧的预紧力后，针阀上移，打开阀体上的锥孔，高压柴油从针阀体下端的四个喷油孔喷入燃烧室。当喷油泵停止供油时，由于高压油

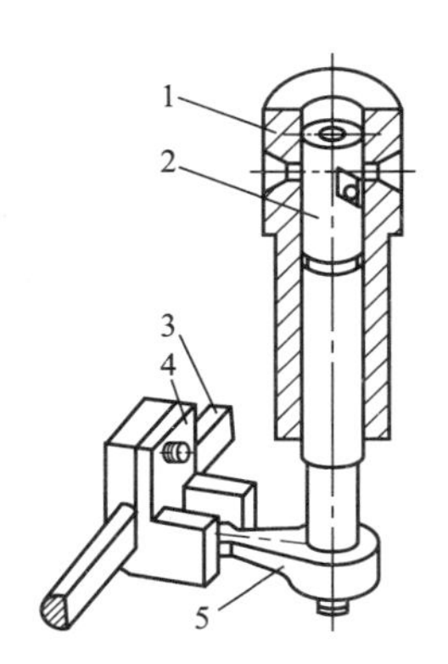

图 3-16 拨叉式油量控制机构

1—柱塞套筒；2—柱塞；3—拉杆；4—调节叉；5—调节臂

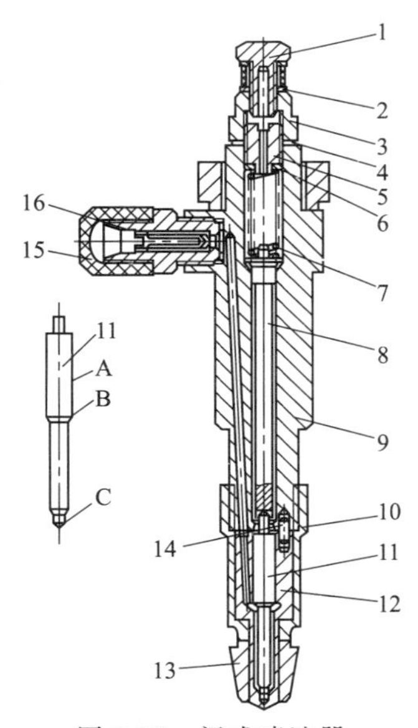

图 3-17 闭式喷油器

1—回油管螺栓；2—回油管衬垫；3—调压螺钉螺母；4,6—垫圈；5—调压螺钉；7—调压弹簧；8—挺杆；9—喷油器体；10—喷油嘴偶件紧固螺套；11—喷油嘴针阀；12—针阀体；13—铜锥体；14—定位销；15—护盖；16—进油管接头

路内油压迅速下降，针阀在调压弹簧力的作用下及时下降，将针阀体上的锥孔关闭。

⑤ 调速器 为了使柴油机在负荷变化时其转速在较小范围内变化，装载机采用全程调速器。调速器的工作原理见图3-18。

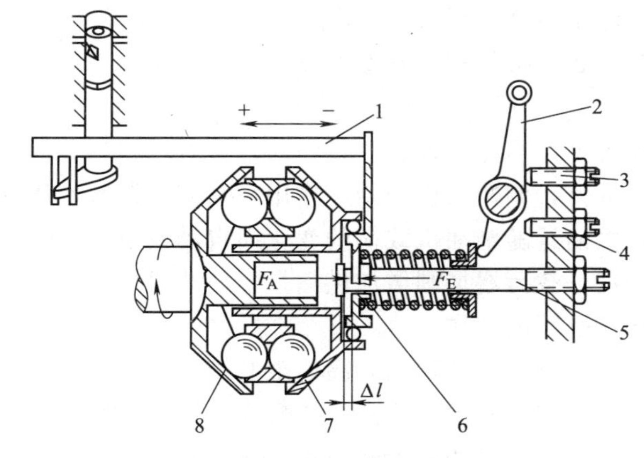

图 3-18 调速器原理

1—供油拉杆；2—操纵摇臂；3—高速限制螺钉；4—怠速限制螺钉；5—调节螺柱；6—弹簧前座；7—推力斜盘；8—驱动斜盘

当喷油泵凸轮轴带动驱动斜盘 8 转动时，飞球座由于离心力向外对推力斜盘 7 的斜面作用一个力，其轴向分力 F_A 要使推力盘带动供油拉杆 1 向右以减少供油量，但是在和供油拉杆相连的油门拉板上作用有调压弹簧的推力 F_E。如果司机将操纵摇臂 2 放在某一位置，当凸轮轴达到一定转速，使 F_A 大于 F_E，调速器开始工作，则在油门拉板和调节螺柱 5 端部产生间隙 Δl，Δl 的数值取决于 F_E 和由飞球座离心力产生的 F_A 大小。例如：当柴油机载荷突然减小，则其曲轴转速上升，由曲轴带动的凸轮轴转速也上升，F_A 大于 F_E，推力斜盘带动供油拉杆向右，使喷油泵柱塞旋转，减少供油。由于供油量减少，柴油机发生的力矩减小限制了转速继续升高，直到 F_A 和 F_E 再次平衡为止。此时，柴油机的转速比载荷减少前稍高，间隙 Δl 也稍微增大。反之，如载荷突然增大，则柴油机转速下降，F_A 减小，由于 F_A 大于 F_E，故供油拉杆向左，使喷油泵柱塞旋转增加供油量，直到柴油机发出的扭矩增大与载荷力矩相适应时转速停止降低，供油不再增加，F_A 与 F_E 在新的条件下重新平衡。柴油机的转速比载荷增大前稍低，间隙 Δl 也稍微减小。

由此可见，当操纵摇臂在某一固定位置，则当柴油机转速达到一定数值，调速器杆开始起作用，在调速器起作用的转速范围内，供油量随柴油机载荷的变化而自动调节，载荷减少则减少供油量，载荷增加则增加供油量，使柴油机能稳定在某一较小的转速范围内工作。

当操纵摇臂顺时针转到和高速限制螺钉 3 相碰，弹簧的压缩量最大，调速器开始工作的转速最高，调节此螺钉可调节最高转速。相应于此时的曲轴转速称“额定转速”。

当操纵摇臂顺时针转到下端和怠速限制螺钉 4 相碰，弹簧的压缩量最小，调速器开始工作的转速最低，调节此螺钉可调节怠速。

喷油泵的最大供油量受调节螺柱 5 前端凸轮肩的限制，调节此螺柱前后的位置可改变最大供油量。最高限制螺钉和调节螺柱在出厂前都经过调速后加以铅封，使用中不允许轻易变动。

图 3-19 为二号喷油泵采用的调速器剖面图。

调速器在喷油泵的后面，在喷油泵凸轮轴后部装有驱动斜盘 6。推力盘 4 松套在凸轮轴的端部能左右移动。驱动斜盘与推力盘之间装有飞球座部件 5，它由一个开有六个径向直切口的圆盘和六个能在切口中滑动的飞球座组成。六个飞球座左端的六个飞球嵌入驱动斜盘上的六个凹槽，调节螺柱 16 的后端

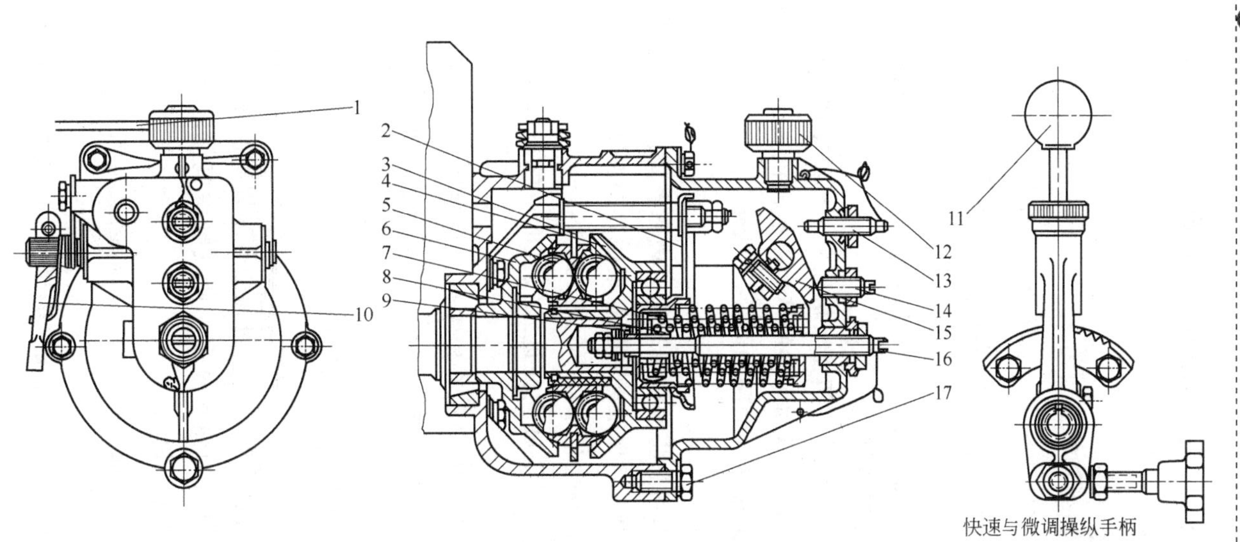

图 3-19 二号喷油泵采用的调速器

1—停车手柄；2—油门拉杆；3—保持架；4—推力盘部件；5—飞球座部件；6—驱动斜盘；7,8—调速弹簧；9—校正弹簧；10—远距离操纵手柄；11—快速兼微调操纵手柄；12—呼吸器；13—高速限制螺钉；14—低速限制螺钉；15—操纵摇臂；16—调节螺柱；17—放油螺钉用螺纹固定在壳体上，它上面装有调节弹簧及油门拉杆 2。

(4) 润滑系统

润滑系统的作用为：

a. 减少动力损失和零件磨损。

b. 带走摩擦零件的热量，以降低零件温度。

c. 将磨损脱落的金属屑带走，保持零件表面光洁，以减少摩擦。

d. 在活塞与气缸壁之间的机油层还可以增加活塞与气缸壁之间的密封性，减少漏气。

润滑系统主要由机油滤清器、机油泵、机油冷却器、油底壳等组成。柴油机主要运动零件的摩擦副表面依靠压力及飞溅方式润滑。润滑系统循环油路如图 3-20 所示。

(5) 冷却系统

冷却系统的作用是将柴油机工作时燃料燃烧传给各零部件的热量散到空气中去，保证柴油机在最适宜的温度下工作。

柴油机温度过高会带来以下问题：

a. 气缸及进气道温度会使进入气缸的空气量减少，使柴油机的功率下降。

b. 各零件工作温度过高会使零件过分膨胀，不能保持合适的配合间隙，引起摩擦阻力增加，严重时可能使零件相互咬住，烧坏零件。

c. 柴油机机油因温度过高，黏度下降，润滑性能降低，加速机件磨损。

但柴油机温度也不能过低。过低会带来以下问题：

a. 从气缸壁散出的热量过多，使气缸中气体的温度和压力下降，柴油机功率下降。

b. 由于柴油机机油温度过低，机油黏度增大，增加了零件的运动阻力。

冷却系统主要由水泵、风扇、散热器、散热管路及机体水

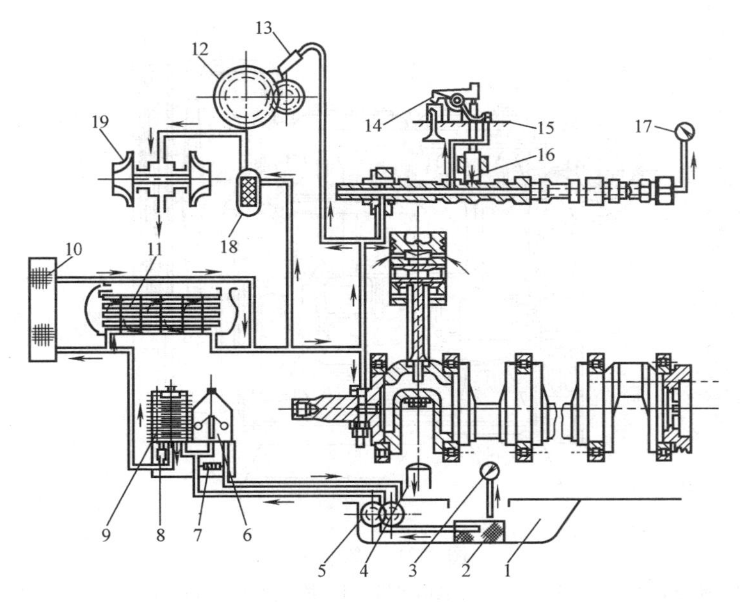

图 3-20　润滑系统循环油路示意图

1—油底壳；2—粗滤网；3—油温表；4—加油口；5—机油泵；6—离心式精滤器；7—调压阀；8—旁通阀；9—机油粗滤器；10—风冷式机油冷却器；11—水冷式机油冷却器；12—传动齿轮；13—喷油塞；14—摇臂；15—气缸盖；16—推杆套筒；17—油压表；18—网格式机油滤清器；19—涡轮增压器

道组成，如图 3-21 所示。水泵将经过散热器冷却后的冷却液输入机油散热器冷却柴油机机油，然后进入气缸体冷却缸套。经气缸盖、节温器回到散热器，形成冷却液循环。散热器与柴油机机体之间装有风扇，用来冷却机体及散热器。采用风冷式冷却器的则将机油冷却器与散热器装在一起，由风扇进行冷却。

装在气缸盖出液口处的节温器（图 3-22）能自动调节冷却液的温度。其工作原理（图 3-23）为：当冷却液温度低于节温器的开启温度时，节温器的出液阀门关闭，气缸盖的出液全部经节温器旁路进入水泵进液口而不通过散热器（此时的冷

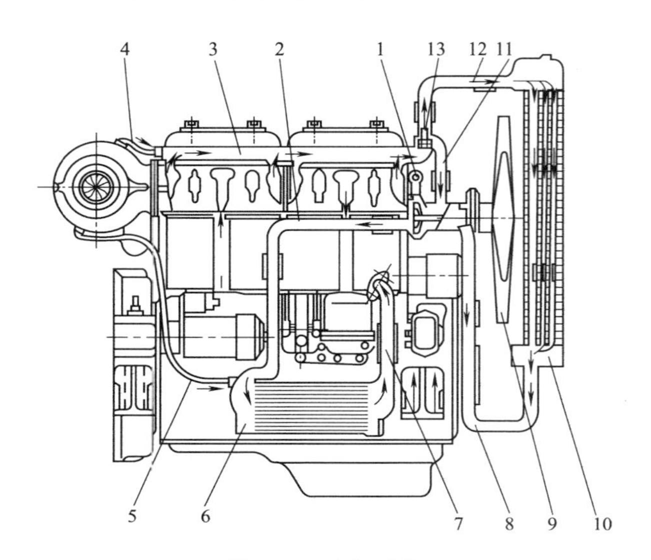

图 3-21 冷却系统

1—水泵；2—进水管；3—气缸盖出水管；4—增压器出油管；5—增压器进油管；6—水冷式机油散热器；7—机体进水管；8—水泵进水管；9—风扇；10—散热器；11—回水管；12—节温器出水管；13—节温器

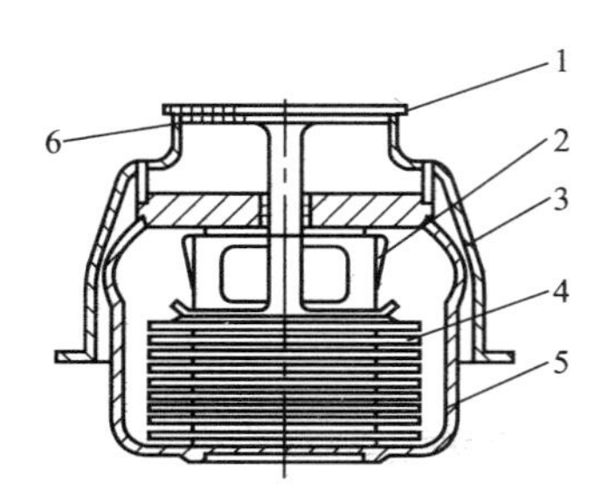

图 3-22 节温器

1—出水阀门；2—旁通阀门；3—外壳；4—波纹管；5—内壳；6—出气孔

却液循环为小循环）。当出水温度达到节温器的开启温度时，节温器内易挥发物质（如乙醚）蒸发，打开节温器出水阀门，

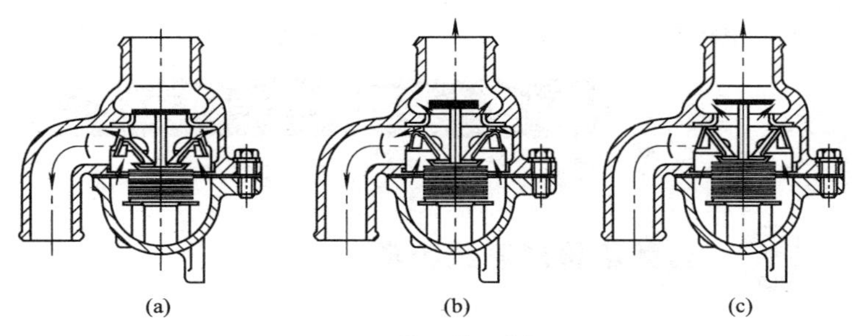

图 3-23　节温器工作原理

冷却水经节温器的出水阀门进入散热器进行散热。当冷却液温度继续升高达到一定值时，节温器阀门完全打开，旁通阀完全关闭，此时从气缸盖处出来的冷却液完全进入散热器（此时的冷却液循环为大循环）。

各种柴油机节温器的开启及全开温度是不一样的。如Cummins 柴油机一般为 85～95℃，6135 柴油机为 70～85℃等。

为满足冷却系最高工作温度的要求散热器必须采用压力盖，以保证密封式冷却系的冷却液能保持一定的压力，从而提高冷却液的沸腾温度，使发动机在高温条件下不产生沸腾，保证发动机工作安全。可使冷却液温度与环境大气温度之间温差变大，从而提高散热器的散热能力。在无膨胀水箱的冷却系中，压力盖装在散热器上水室的加注口上；在有膨胀水箱的冷却系中，压力盖装在膨胀水箱的加注口上。推荐压力盖的开启压力为 50～90kPa，在高原地区为 105kPa。

第4章 装载机的传动系统

4.1 装载机传动系统种类

（1）传动系统在装载机中的位置

传动系统在装载机中的发动机与轮胎之间，如图中黑体部分所示，如图 4-1 所示，它由变速器、传动轴、驱动桥等三大部件组成。

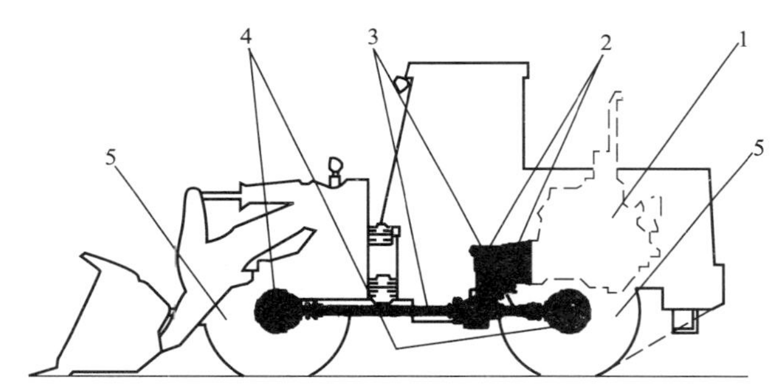

图 4-1 轮式装载机传动系统所处位置简图

1—发动机；2—变速器；3—传动轴；4—驱动桥；5—轮胎

（2）装载机传动系统的类型

装载机按传动系统分为四大类：即机械传动、液力机械传动、全液压传动和电力传动。

① 机械传动由于对装载机的作业工况适应性太差，很快被出现的液力变矩器所取代，目前已基本停止使用。

② 液力机械传动的变速器由液力变矩器和机械式变速箱组成，也叫变矩器变速箱总成，简称双变。由于变矩器的自动适应性，即随负荷的大小自动改变速度与扭矩，同时这种变化

范围也非常宽广，特别适合装载机高速小扭矩行驶、低速大扭矩作业工况。同时，如果匹配得当，装载机即使遇到很大阻力，速度降为零，发动机也不会熄火。因此，液力机械传动在装载机上得到了最广泛的应用。但液力机械与其他三种传动相比也有缺点，即传动效率比其他三种传动都低。

③ 全液压传动也叫液压传动。采用变量泵、变量马达组成的全液压传动的传动效率显著优于液力机械传动，总体布置及操作性能也较好，因此，全液压传动的操纵舒适性及节能降耗都比较好。但它与液力机械传动相比有几个比较大的缺点：第一，成本比液力机械传动高，特别是功率越大，速度差越大，其成本差距就更大；第二，其自动调节速度与扭矩的范围比液力机械传动小，因此作业适应性较差。对 80kW 以下小型装载机，这一缺点不太显著，但对功率大、速度扭矩变化范围大的系统，需要较昂贵的低速大扭矩马达，同时还要加上适当挡位的机械变速箱，因此成本比液力机械传动高很多；第三，全液压传动当外载荷变化时，其输出扭矩变化比液力机械传动时间延迟长，反应较慢。因此，目前在世界，装载机传动系统在 80kW 以下的轮式装载机除少量开始采用全液压传动外，基本上仍采用液力机械传动。

④ 电力传动有许多特别显著的优点，主要是载荷适应性很强，安装、布置、操纵等都十分方便，传动效率也很高。但它最显著的缺点是重量大、成本高。其成本比全液压传动还高得多。但在特大型装载机上应用，就能避开其缺点，发挥其优点。因此，目前在国外 500kW 以上，特别是更大的矿用轮式装载机，使用电传动比较普遍。中国目前还没有电传动轮式装载机。

因此，直到现在，国内的轮式装载机基本上采用的是液力机械传动，本章只介绍液力机械传动。

（3）液力机械传动的分类

轮式装载机液力机械传动从总体上分为两个大类：一个大类是行星式，另一个大类是定轴式。

行星式液力机械传动系统的主要特征是变速箱的变速为行星式，即由太阳轮、行星轮、内齿圈及行星轮架组成的行星排来完成变速。而定轴式液力机械传动系统的主要特征为变速箱的变速是由两根一组一组的平行轴上装的一对一对的外啮合齿轮来完成变速的。因此，定轴式变速箱也叫平行轴式变速箱，定轴式液力机械传动系统也叫平行轴式液力机械传动系统。

4.2 装载机的变速器

（1）ZL50 型轮式装载机变速器总体结构及工作原理

ZL50 型轮式装载机的变速器由双涡轮液力变矩器及简单行星式动力换挡变速箱组成。双涡轮液力变矩器简称双涡轮变矩器或变矩器，简单行星式动力换挡变速箱简称行星式动力换挡变速箱，或行星式变速箱，或变速箱。该变矩器、变速箱由其壳体与箱体直接连接成一个整体，因此人们通常把 ZL50 型轮式装载机的这种连成一个整体的变速器称双涡轮液力变矩器行星式动力换挡变速箱总成，简称“变矩器变速箱总成”。

ZL50 型轮式装载机变矩器变速箱总成的外形如图 4-2 所示，其内部结构如图 4-3 所示。由图 4-2 可知，整个变矩器变速箱总成由变矩器 1、变速箱 3、变速操纵阀 2、油位开关 4 及停车制动器 5 等组成。再看图 4-3，该总成还装有工作油泵 15、转向油泵 80。弹性板 28 分别与柴油机飞轮 22 及罩轮 25 用螺栓连接，同时，罩轮又与泵轮用螺栓连接，分动齿轮 14 用螺栓连接于泵轮外边的右端面。这样，由发动机飞轮传来的动力，一方面变为泵轮的液动力使变矩器、变速箱工作，另一方面由分动齿轮 14 分别传动齿轮轴 3，带动变速泵 1 及工作油泵 15，另一路传给转向油泵驱动齿轮 81，带动转向油泵轴

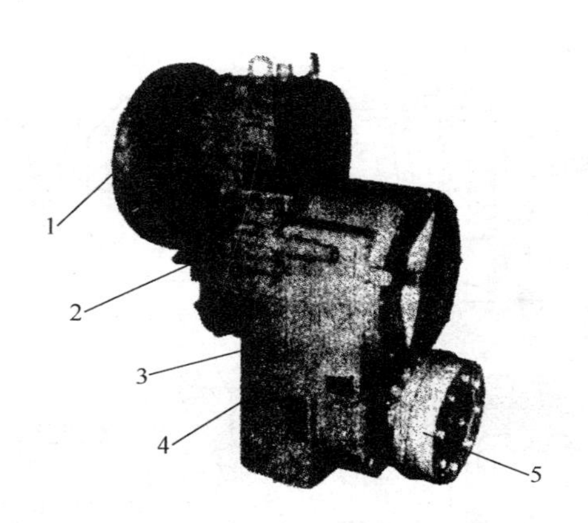

图 4-2 ZL50 变矩器变速箱总成外形图

1—变矩器；2—变速操纵阀；3—变速箱；4—油位开关；5—停车制动器

及转向油泵 80，使柴油机分出来的部分功率转化成这几个油泵的液动力，分别作为变速液压系统、工作液压系统及转向液压系统的液压动力源，去完成相应的工作，这是变速器完成分动箱的功能。

停车制动器 5（图 4-2）安装在输出轴 54 的前端部，在制动系统的操纵下，产生制动力去完成对输出轴 54 的制动，从而实现应急制动或停车制动的目的。这是变速器完成停车及应急制动的功能。

变速器（变矩器变速箱总成）的主要功能是将柴油机的动力，经过变矩、变速传给驱动桥驱动车轮，以不同的速度及不同的牵引力完成装载机的牵引及行驶功能。其变矩变速主要由双涡轮四元件变矩器将两个涡轮的动力输入到变速箱的超越离合器及变速箱各挡来完成。其结构主要由Ⅰ挡行星变速机构总成（也叫Ⅰ挡行星排）、倒挡行星变速机构（也叫倒挡行星排）及直接挡（Ⅱ挡）总成，以及装在直接挡总成外面的中间轴输出齿轮 57、输出轴齿轮 53 及输出轴 54 等要主要零部件组成（参见图 4-3）。下面详细各零部件的详细结构及变速原理。

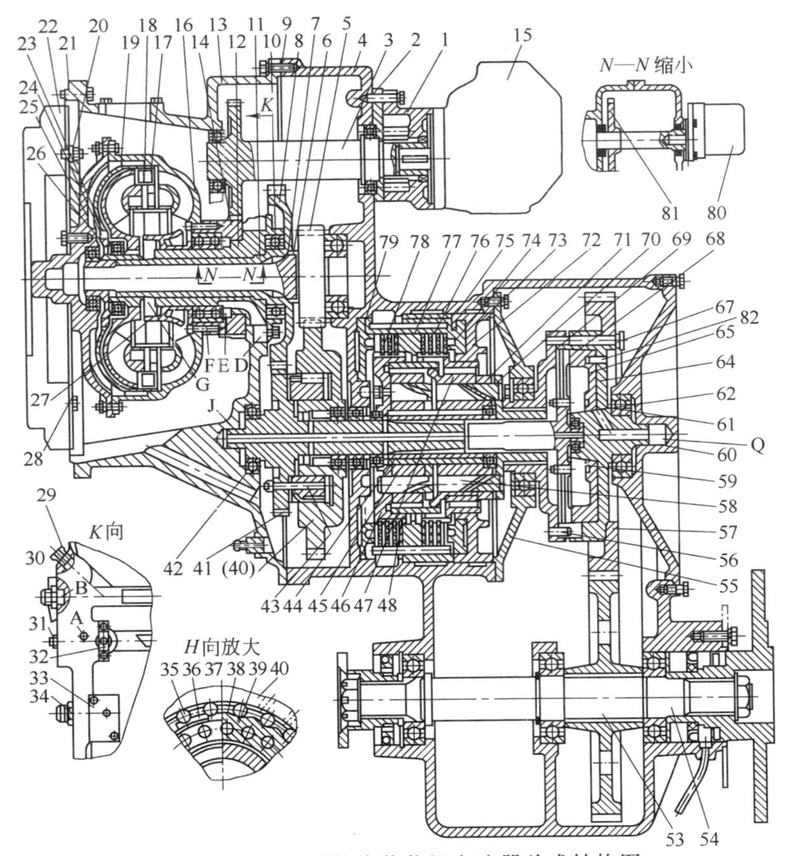

图 4-3 ZL50 型轮式装载机变速器总成结构图

1—变速泵；2—垫；3—齿轮轴；4—箱体；5—输入一级齿轮；6—铜垫圈；7，11—油封环；8—输入二级齿轮；9—密封圈；10—导轮座；12—密封环；13—壳体；14—齿轮；15—工作油泵；16—泵轮；17—弹性销；18—T_1 涡轮；19—T_2 涡轮；20—垫片；21—纸垫；22—飞轮；23—涡轮罩；24—铆钉；25—罩轮；26—涡轮毂；27—导轮；28—弹性板；29—油温表接头；30—管接头；31—螺塞；32—压力阀；33—背压阀；34—管接头；35—滚柱；36，76—弹簧；37—压盖；38—隔离环；39—内环凸轮；40—外环齿轮；41—中间输入轴；42—轴承；43，67—螺栓；44—太阳轮；45—倒挡行星轮；46—倒挡行星轮架；47—Ⅰ挡行星轮；48—倒挡内齿轮；53—输出轴齿轮；54—输出轴；55—中盖；56—圆柱销；57—中间轴输出齿轮；58—Ⅰ挡行星轮；59—盘形弹簧；60—端盖；61—球轴承；62—直接挡轴；64—直接挡油缸；65—直接挡活塞；68—直接挡摩擦离合器；69—直接挡受压盘；70—直接挡连接盘；71—Ⅰ挡行星轮架；72—Ⅰ挡油缸；73—Ⅰ挡活塞；74—Ⅰ挡内齿轮圈；75—Ⅰ挡摩擦片离合器；77—弹簧销轴；78—倒挡摩擦片离合器；79—倒挡活塞；80—转向油泵；81—转向油泵驱动齿轮；82—直接挡活塞导向销

(2) ZL50型轮式装载机的双涡轮液力变矩器

我国ZL50型轮式装载机采用的双涡轮四元件液力变矩器，通过超越离合器与行星机械式动力换挡变速箱组合在一起，使国产ZL50轮式装载机具有独特的优越性。

① ZL50型轮式装载机双涡轮变矩器的工作原理　该变矩器由四个工作轮组成，其中一个泵轮B，两个涡轮T_1及T_2和一个导轮D，其组成如图4-4所示。

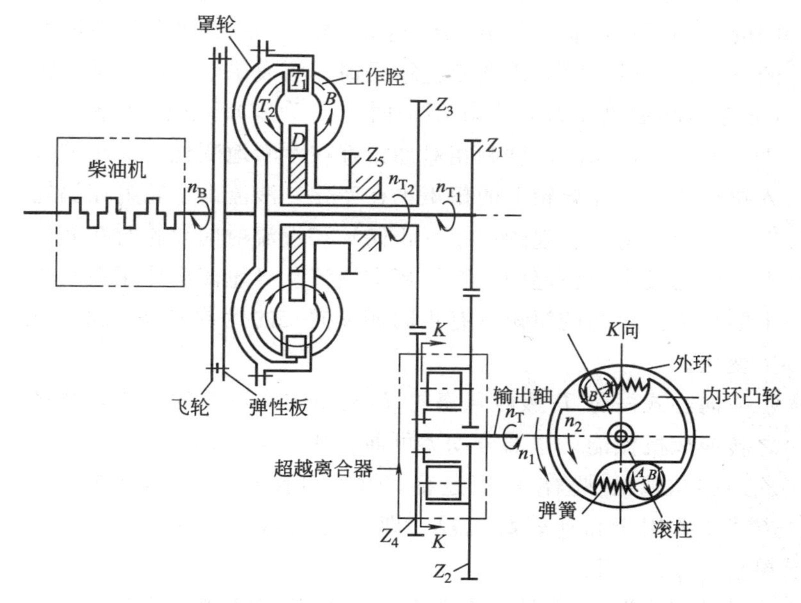

图4-4　ZL50型轮式装载机双涡轮变矩器工作原理简图

泵轮B与罩轮组成一体，其他工作轮都装在这一密封的壳体中，里面充满工作油。柴油机带动泵轮B以同一转速n_B旋转，将机械能转换为油液的动能，并使壳体内的油液按图示的箭头方向高速冲击涡轮。两个涡轮T_1和T_2吸收液流的动能，将之还原为机械能，分别使T_1以转速n_{T1}和T_2以转速n_{T2}旋转，并将动力经齿轮Z_1和Z_3输出，传给超越离合器上的

两只齿轮 Z_2 和 Z_4。导轮 D 是不旋转的。从涡轮 T_2 流出的还有一定动能的液流通过导轮的弯曲叶片时，在叶片上产生冲击力和反击力形成的扭矩就作用在固定机座上，该扭矩与涡轮利用反击力增加的扭矩和泵轮利用冲击力减少的输入扭矩之和相当，这就使涡轮的输出扭矩有可能大于泵轮的输入扭矩。四个工作轮的叶片各有一定的形状和进、出口角度，使液流按规定的流道和方向进、出各个叶轮。但由于泵轮的转速 n_B 将随油门的大小而有高低，涡轮的转速 n_{T1} 和 n_{T2} 将随加于输出轴上的外载荷（通过驱动桥和变速箱反馈）而或快或慢甚至不旋转（如起步和制动工况，车轮不动时，n_T 为零），这样使液流在进入各个工作轮的速度和相对冲角都在不断地变化，泵轮的输入扭矩和作用在导轮上的扭矩也在变化，液流由泵轮射在涡轮上产生的冲击力引起的扭矩（正向）和液流射向导轮时在涡轮上产生的反击力引起的扭矩，还有液流从导轮流出作用在泵轮上的冲击力引起的扭矩（有正向或反向）的代数和也将随之发生变化。

向心式涡轮 T_2 吸收从涡轮 T_1 射出的液流中的功能，并将之转换成机械能，这部分动力可通过相互啮合的一对齿轮 Z_3、Z_4 直接从输出轴输出给变速箱，这种直接从 Z_4 输出轴输出的方式主要用于高速轻载工况，即一个涡轮 T_2（也叫 2 涡轮）单独工作的工况。

轴流式涡轮 T_1 吸收由泵轮提供的液流动能的一部分，这部分动力由齿轮 Z_1 传给齿轮 Z_2。值得注意的是这部分动力必须通过大超越离合器在输出轴与齿轮 Z_2 楔紧成一体的情况下才能从输出轴输出。

超越离合器的外环和齿轮 Z_2 固定在一起，其内环和齿轮 Z_4 及输出轴固定在一起。内环上铣有斜面齿槽，故称内环凸轮，齿槽中放有滚柱，在弹簧的作用下与内环斜面齿槽、外环的滚道面相接触。若带齿内环和齿轮 Z_4 一起沿箭头方向转动，

并且内环转速 n_2 大于外环（外环和齿轮 Z_2 一起）的转速 n_1 时，大超越离合器中的滚柱与外环的接触点作用一摩擦力，该力企图使滚柱沿图 4-4 中滚柱上箭头 A 的方向转动，同时在滚柱与内环斜齿面的接触点处亦有摩擦力，该力企图阻止滚柱的转动，这样滚柱就朝着压缩弹簧的方向滚动而离开楔紧面，内外环之间不能传递扭矩，此时从涡轮 T_1 经齿轮 Z_1 传给 Z_2 的扭矩无法传给输出轴。此时只有涡轮 T_2 将动力经齿轮 Z_3 传给 Z_4，从输出轴输出。这相当于装载机处于高速（内环转速 n_2 较大）轻载的工况。

当外载荷逐渐增加时，迫使涡轮 T_2 转速降低以增大扭矩来适应，若内、外环转速相等而 T_2 的扭矩仍然不足以克服外载荷时，在涡轮 T_1 的转速 n_1 将大于 n_2 的瞬间，外环作用在滚柱上摩擦力开始企图使滚柱沿图中滚柱上箭头 B 的方向转动，与此同时，在滚柱与内环斜齿面的接触点处仍有阻止滚柱转动的摩擦力，这样滚柱就朝弹簧伸长、张开的方向滚动，并楔入外环与内环的斜面之间直到楔紧。楔紧后，涡轮 T_1、T_2 同时向输出轴输出动力。这相当于装载机传动系统处于低速（转速 n_2 较小）重载的工况。

应当指出，随着输出轴转速的逐渐降低，涡轮 T_1 作用的扭矩愈来愈大，涡轮 T_2 作用的扭矩愈来愈小，到达制动工况时，几乎只有涡轮 T_1 的扭矩通过齿轮 Z_1 及 Z_2 减速（扭矩增大）后传给输出轴。

由此可见，涡轮 T_1 和 T_2 是否共同工作是随着外载荷的变化使大超越离合器的接合和脱开自动进行而不需人为控制的。这就是双涡轮液力机械传动特别适合装载机行驶时的高速轻载及作业时的低速重载工况。

② ZL50 型轮式装载机双涡轮液力变矩器的结构　如图 4-3的左上半部和 K 向、H 向视图及图 4-5 所示。支承壳体 13 一端与柴油机飞轮壳相连接，另一端与变速箱箱体 4 固定。两

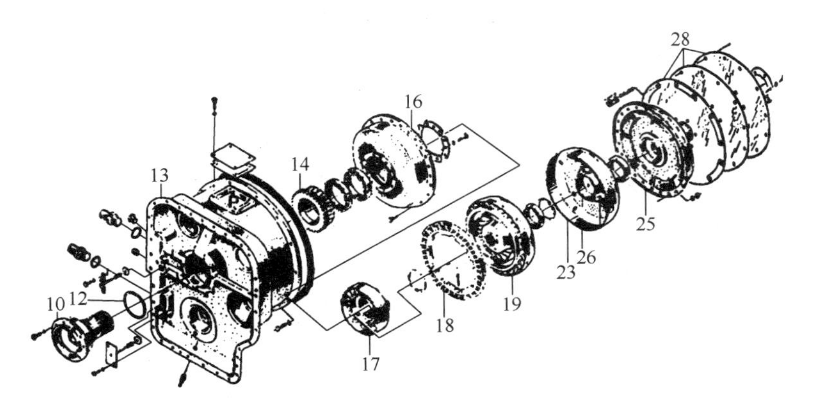

图 4-5 ZL50 型轮式装载机双涡轮液力变矩器分解图

10—导轮座；12—密封环；13—支承壳体；14—齿轮；16—泵轮；17—弹性销；
18—T_1涡轮；19—T_2涡轮；23—涡轮罩；25—罩轮；26—涡轮毂

端分别用纸垫 21 和密封圈 9 密封。泵轮 16 与罩轮 25 一起组成变矩器旋转壳体（轴端支承在飞轮孔中），通过弹性板 28 与飞轮 22 连接，并与柴油机一起同速旋转。涡轮组由 T_1 涡轮 18 和 T_2 涡轮 19 组成。T_1 涡轮 18 用弹性销 17 与涡轮罩 23 固定并铆接在涡轮毂 26 上。两个涡轮分别以花键与输入一、二级齿轮 5 和 8 相连，它们绕共同的轴线各自分别旋转。导轮座 10 与支承壳体 13 固定，导轮座 10 作为泵轮的右端支承，其花键部位装有导轮 27，并用递升挡圈限位。齿轮 14 与泵轮 16 联成一体用以驱动各个油泵。齿轮 14 与不转动的导轮座 10 之间装有密封环 12，工作时这里可能有少量泄油，但仍能保持一定压力。油封环 7 和密封环 11 的作用也相同。铜垫圈 6 用以将相对运动的齿轮 5 和 8 隔开。

超越离合器（见 H 向视图）的弹簧 36 一端支承在压盖 37 上，另一端顶在隔离环 38 上，通过隔离环给滚柱 35 施加压紧力，使滚柱与外环齿轮 40 内的滚道和内环凸轮 39 的斜齿面相接触。外环齿轮 40 与内环凸轮 39 同向旋转，前者速度快过后者时离合器接合，后者快过前者时离合器分离。

压力阀 32 控制变矩器进出口油压，背压阀 33 控制润滑油压。两者均系直接作用型溢流阀，管道中压力小于控制压力时无溢流，当管道中压力大于规定压力时，便开始溢流，使管道压力维持某一规定值。

③ ZL50 型轮式装载机双涡轮液力变矩器的内部油道　来自变速泵（双变速箱用油泵）1 的压力油从支承壳体 13 壁上的孔 A（*K* 向视图）、D 经通道 E 和轴承空间进入变矩器的工作腔，并不断补充使腔内保持充满。溢出的油液由 G 处经环形间隙 F 流出导轮座 10 和支承壳体 13（*K* 向视图的孔 B）。

4.3 变速器液压系统的组成及工作原理

变速器在工作中产生的热量是由变速器液压系统中油的循环散热来解决的，其液压系统如图 4-6 所示，其外形如图 4-7 所示。变速泵的分解图如图 4-8 所示。

变速泵 4 通过软管 3 和滤网 2 从变速箱油底壳 1 中吸油。泵出的压力油从箱体壁上的孔流出，经软管 5 到滤油器 6 过滤（当滤芯堵塞使阻力大于滤芯正常阻力 0.08～0.12MPa 时，里面的旁通阀开启通油），再经软管 7 及箱体内管道进入变速操纵阀（详见图 4-9），至此，压力油分为两路：一路经调压阀 8（调节压力为 1.1～1.5MPa），离合器切断阀 9 进入变速操纵分配阀 10，根据变速阀杆的不同位置分别经油路 D、B 和 A 进入Ⅰ挡、Ⅱ挡和倒挡油缸，完成不同挡位的工作（有关变速操纵阀及变速箱的结构和工作原理详见变速箱的结构及工作原理）；另一路经箱壁内管道 17 进入变矩器 19（详见变矩器内部油路部分的叙述）。软管 20 和 22 是变矩器支承壳体与散热器之间的进、回油管。经过散热冷却后的低压油回到变矩器支承壳体 13 的孔 J（参见图 4-3），润滑超越离合器和变速箱各

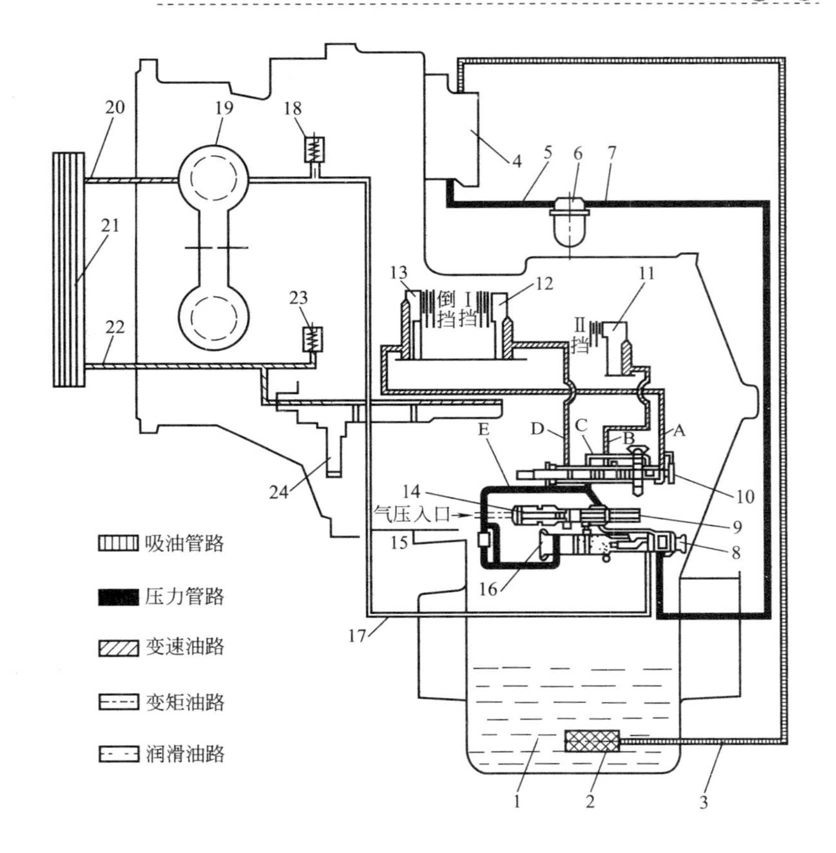

图 4-6 变速器液压系统

1—油底壳；2—滤网；3,5,7,20,22—软管；4—变速泵；6—滤油器；8—调压阀；9—离合器切断阀；10—变速操纵分配阀；11—Ⅱ挡油缸；12—Ⅰ挡油缸；13—倒挡油缸；14—气阀；15—单向节流阀；16—滑阀；17—箱壁埋管；18—压力阀；19—变矩器；21—散热器；23—背压阀；24—超越离合器

行星排后流回油底壳 1。压力阀 18 保证变矩器进口油压不超过 0.56MPa，而其出口油压不超过 0.45MPa。背压阀 23 保证润滑油压力不超过 0.2MPa，超过此值即打开泄压。这两个阀只限制油的最高压力，其具体压力随柴油机转速变化而变化。

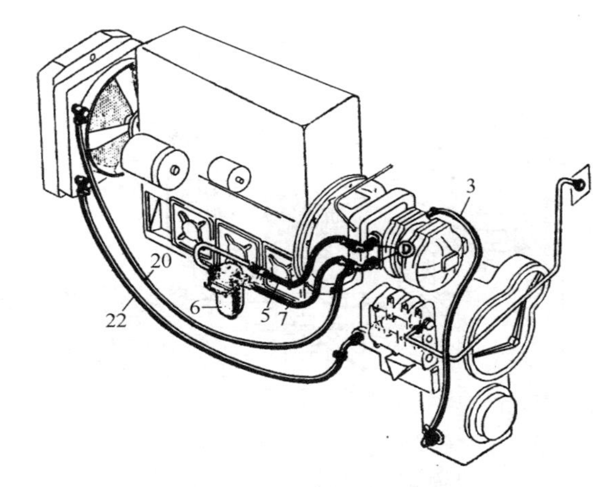

图 4-7　变速器液压系统外形圈

3,5,7,20,22—软管；6—滤油器

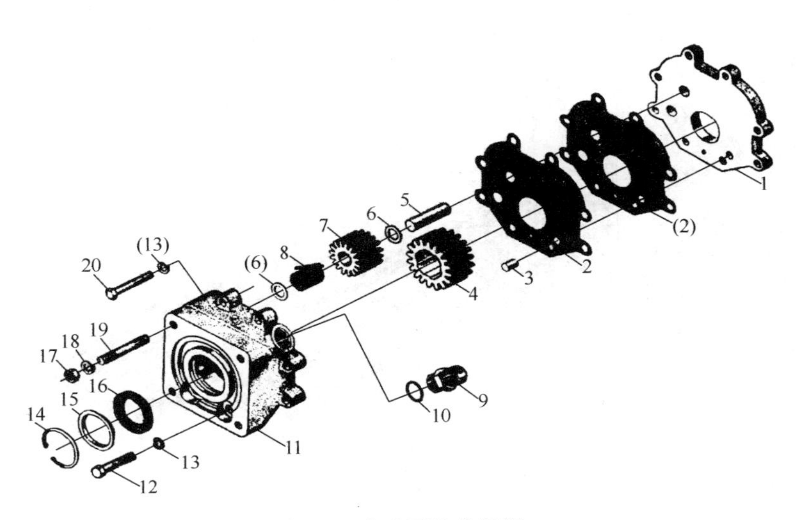

图 4-8　变速泵的分解图

1—泵盖；2—密封垫；3—圆柱销；4—大齿轮；5—轴；6,15—挡环；7—小齿轮；8—滚针；9—管接头；10—O形密封圈；11—泵体；12,20—螺栓；13,18—垫圈；14—挡圈；16—油封；17—螺母；19—螺柱

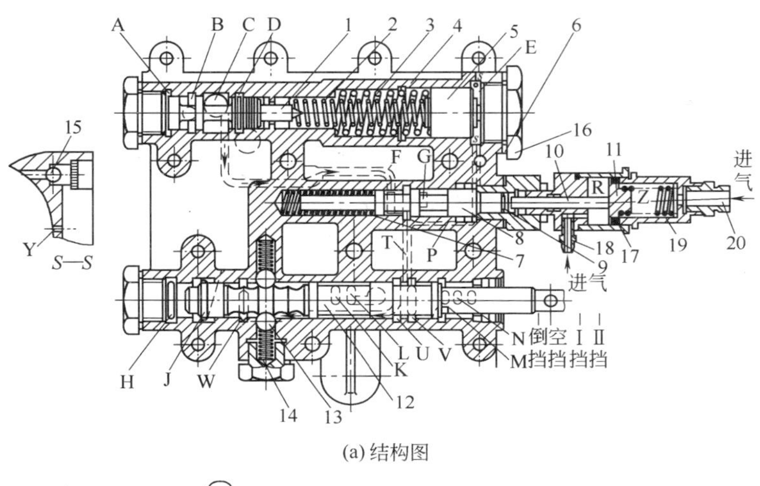

(a) 结构图

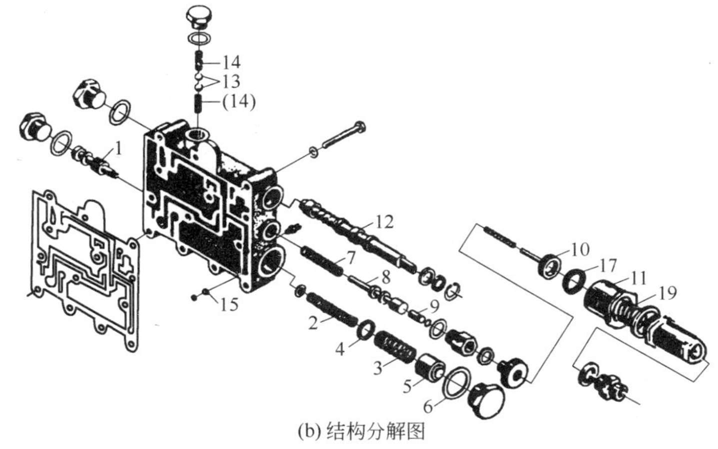

(b) 结构分解图

图 4-9 变速操纵阀

1—减压阀杆；2,3,7,14,19—弹簧；4—调压阀；5—柱塞；6—垫圈；8—刹车阀杆；9—圆柱塞；10—气阀杆；11—气阀体；12—分配阀杆；13—钢球；15—单向节流阀；16—螺塞；17—皮碗；18,20—接头

4.4 装载机的驱动桥

（1）驱动桥的功能

轮式装载机驱动桥的基本功能是通过主传动及轮边减速，降低从变速箱输入的转速，增加扭矩，来满足主机的行驶及作业速度与牵引力的要求。同时，还通过主传动将直线方向的运动转变为垂直横向方向的运动，从而带动驱动轮旋转，使主机完成沿直线方向行驶的功能。另外，通过差速器完成左右轮胎之间的差速功能，以确保两边行驶阻力不同时仍能正常行驶。

轮式装载机的驱动桥除完成基本功能外，它还是整机的承重装置、行走轮的支承装置、行车制动器的安装与支承装置等。因此，驱动桥在轮式装载机中是一个非常重要的传动部件。

（2）驱动桥的结构及工作原理

① 驱动桥的总体结构及工作原理　ZL50 型轮式装载机驱动桥分前桥和后桥，其区别在于主传动中的螺旋锥齿轮副的螺旋方向不同。前桥的主动螺旋锥齿轮为左旋，后桥则为右旋。其余结构相同。ZL50 型轮式装载机驱动桥的结构见图 4-10。该驱动桥主要由桥壳 35、主传动器 1（包括差速器）、半轴 5、轮边减速器（包括行星齿轮 18、内齿轮 19、行星轮 21、行星齿轮轴 23、太阳轮 28 等）、轮胎 14 及轮辋 34 等。

桥壳安装在车架上，承受车架传来的载荷并将其传递到车轮上。桥壳又是主传动器、半轴、轮边减速器的安装支承体。

主传动器是一级螺旋锥齿轮减速器，传递由传动轴传来的扭矩和运动。

差速器是由两个锥形的直齿半轴齿轮、十字轴及四个锥形直齿行星齿轮、左右差速器壳等组成的行星齿轮传动副。它对左、右两车轮的不同转速起差速作用，并将主传动器的扭矩和

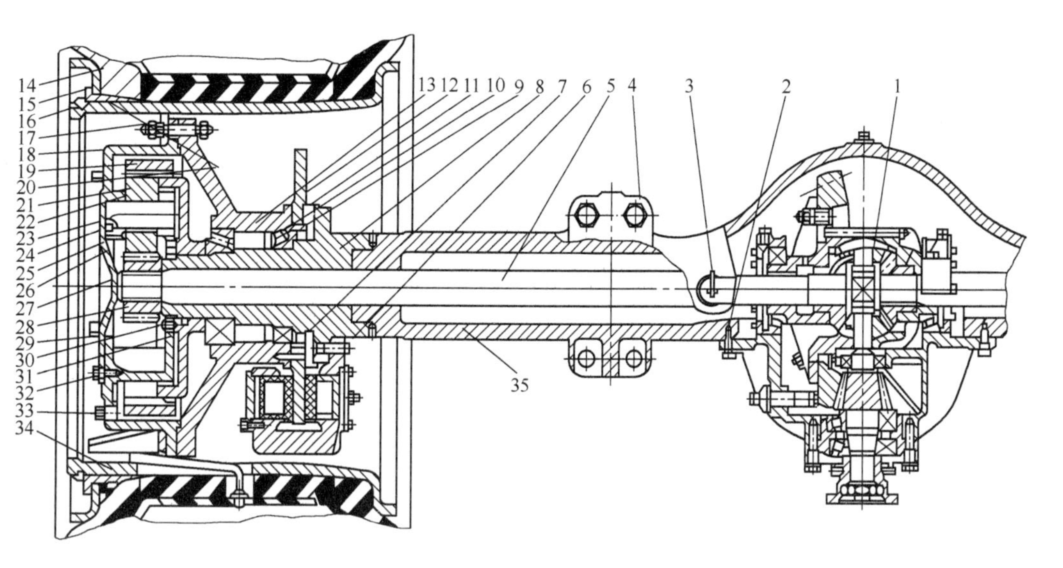

图 4-10　驱动桥总成

1—主传动器；2,4,32—螺栓；3—透气管；5—半轴；6—盘式制动器；7—油封；8—轮边支承轴；9—卡环；10,31—轴承；11—防尘罩；12—制动盘；13—轮毂；14—轮胎；15—轮辋轮缘；16—锁环；17—轮辋螺栓；18—行星齿轮；19—内齿轮；20,27—挡圈；21—行星轮；22—垫片；23—行星齿轮轴；24—钢球；25—滚针轴承；26—盖；28—太阳轮；29—密封垫；30—圆螺母；33—螺塞；34—轮辋；35—桥壳

运动传给半轴。

左、右半轴为全浮式，将从主传动器通过差速器传来的扭矩和运动传给轮边减速器。

轮边减速器为一行星齿轮机构。内齿圈经花键固定在桥壳两端头的轮边支承上，它是固定不动的。行星架和轮辋由轮辋螺栓固定成一体，因此轮辋和行星架一起转动，其动力通过半轴、太阳轮再传到行星架上。

轮边行星传动的原理参见图 4-11。由图可见，半轴带动用花键与之联成一体的太阳轮以 $n_{太}$ 转速与方向转动，与太阳轮相啮合的行星齿轮则以相反方向转动，由于齿圈固定不动，因此行星架以转速 $n_{架}$ 与太阳轮相同的方向转动，$n_{架}$ 小于 $n_{太}$，因此得到减速。

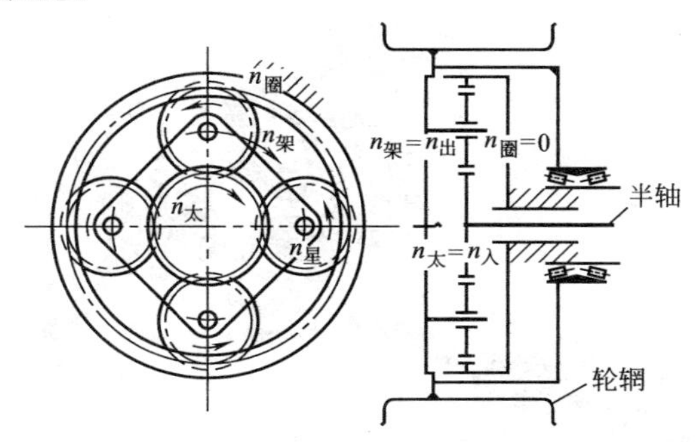

图 4-11　轮边行星传动原理图

轮胎轮辋总成是主要的行走部件。ZL50 型轮式装载机一般都采用内径为 23.5～25in 轮胎，属低压、宽基轮胎，其断面尺寸大、弹性好、接地比压小，在软基路面上下陷小，通过性能好；在凹凸路面上，缓冲性能好。总之，在恶劣的作业路面上，这种轮胎均有良好的越野性能和牵引性能。

② 驱动桥主传动器的结构及工作原理　图 4-12（a）为主传动器的结构，图 4-12（b）为主传动器的分解图。主传动器由两部分组成：一部分是由主动螺旋锥齿轮 20 和从动大螺旋

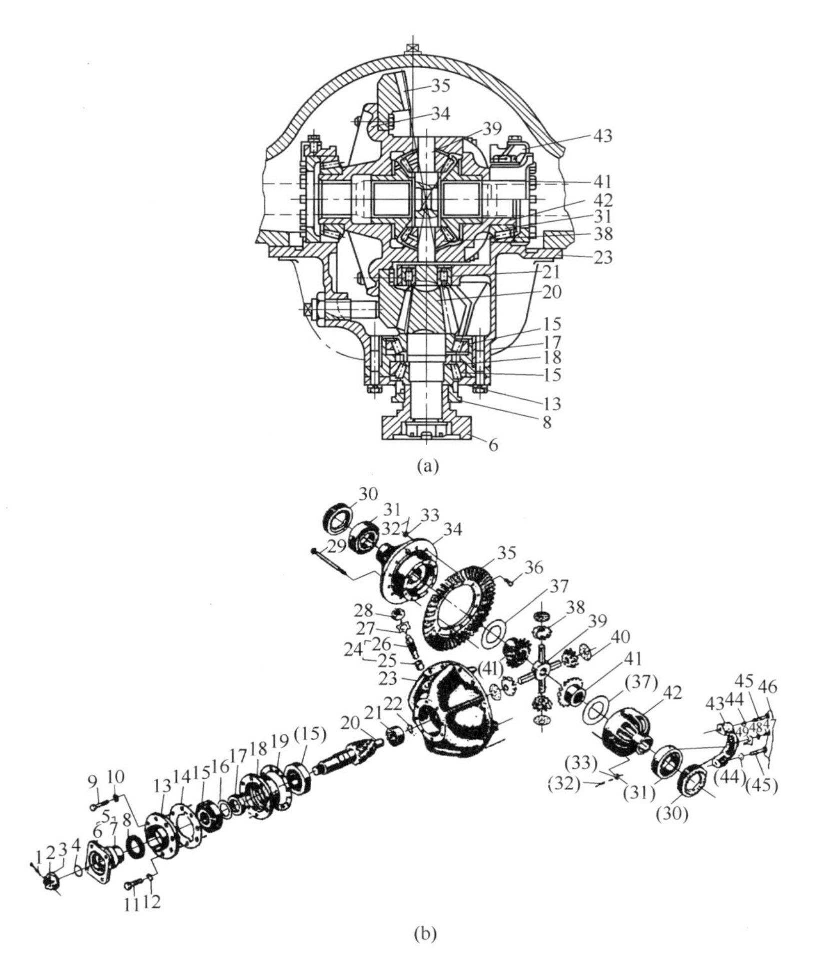

图 4-12　主传动器

1—开口销；2,3—带槽螺母；4—O形密封环；5—输入法兰；6—法兰；7—防尘盖；8—骨架油封；9,11,36,45,47—螺钉；10,12,44,48—垫圈；13—密封盖；14—密封衬垫；15,31—圆锥滚子轴承；16—垫片；17—轴套；18—轴承套；19—调整垫片；20—主动螺旋锥齿轮；21—圆柱滚子轴承；22—挡圈；23—托架；24—止推螺栓；25—铜套；26,29—螺栓；27—锁紧片；28,33—螺母；30—调整螺母；32—销；34—差速器右壳；35—从动大螺旋锥齿轮；37—半轴齿轮垫片；38—锥齿轮；39—十字轴；40—锥齿轮垫片；41—半轴锥齿轮；42—差速器左壳；43—轴承座；46—保险铁丝

锥齿轮 35 组成的主传动；另一部分是由差速器左壳 42、差速器右壳 34、锥齿轮 38、半轴锥齿轮 41、十字轴 39 等组成的差速器。托架 23 为主传动及差速器的支承体。主动螺旋锥齿轮 20 直接安装在托架上，从动大螺旋锥齿轮 35 安装在差速器右壳 34 上，与差速器总成一起也安装在托架上。动力由变速箱通过传动轴传到主动螺旋锥齿轮 20 上，驱动大螺旋锥齿轮带动差速器总成一起旋转，再通过差速器的半轴齿轮将动力传给与半轴齿轮用花键相连的半轴上，完成主传动的动力传递。同时，改变了动力的传递方向，将主动螺旋锥齿轮的直线运动传给与之轴线成 90°的大螺旋锥齿轮的横向运动。

图 4-12 所示主动螺旋锥齿轮上装有三个轴承，端部安装的圆柱滚子轴承 21 为辅助支承，此结构为超静定结构，可防止主动螺旋锥齿轮的过大变形。这种超静定结构，如果三个轴承安装部位的形位公差过大，容易引起异常损坏。因此，有的主传动结构没有轴承 21，称为悬臂式。悬臂式为防止主动螺旋锥齿轮过大变形，加大了结构尺寸，并拉大了两个锥轴承之间的距离。但到目前为止，中国轮式装载机上主动螺旋锥齿绝大多数都采用了如图 4-12 所示的超静定结构。

③ 驱动桥差速器结构及工作原理　ZL50 型轮式装载机驱动桥中的差速器如图 4-12 所示，是由四个锥直齿（行星齿轮）38、十字轴 39、左、右齿半轴锥形齿轮 41 及左、右差速器壳 34、42 等组成。它的功用是使左、右两驱动轮具有差速的功能。

所谓左右两驱动轮具有差速功能是指当驱动轮在路面上行驶时，不可避免地要沿弯道行驶，此时外侧车轮的路程必然大于内侧车轮的路程，此外，因路面高低不平或左、右轮胎的轮压、气压、尺寸不一等原因也将引起左、右驱动轮行驶路程的差异，这就要求在驱动的同时应具有能自动地根据左、右车轮路程的不同而以不同的角速度沿路面滚动的能力，从而避免或减少轮胎与地面之间可能产生的纵向滑动，以及由此引起的磨损和在弯道行驶时的功率损耗。

显然，驱动桥左、右两侧的驱动轮简单地用一根刚性轴连在一起进行驱动时，左、右车轮的转速必然相同，这就无法避免和减少轮胎的纵向滑动及由此引发的磨损。

ZL50 型轮式装载机采用的行星锥齿轮差速器和左、右半轴的传动方式，保证了左、右轮在驱动的情况下能自动地调节其转速，以避免或减少轮胎纵向滑动引起的磨损。

现在来看一下行星锥齿轮式差速器是如何产生差速作用的。如图 4-13 所示，驱动桥主传动中的主动螺旋锥齿轮 20 是由发动机输出的扭矩经变矩器、变速箱、传动轴来驱动的，而从动大螺旋锥齿轮 35 是由主动螺旋锥齿 20 驱动。假定传给从动大螺旋锥齿轮的力矩为 M_0，那么这个力矩通过与大螺旋锥齿轮装成一体的左、右两个半轴锥齿轮 41 上的总驱动力矩也

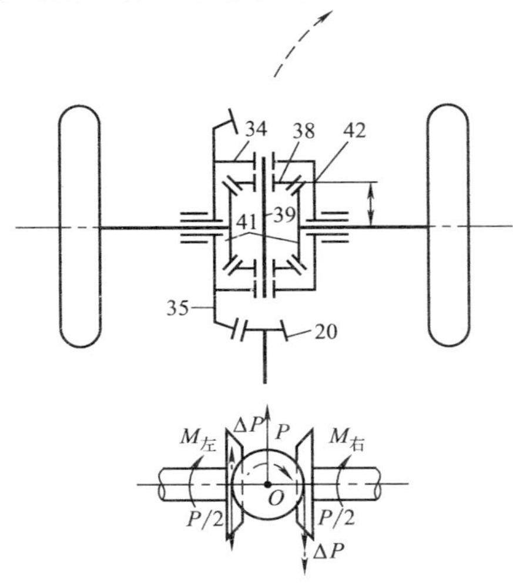

图 4-13　差速器原理图

20—主动螺旋锥齿轮；34—差速器右壳；35—从动大螺旋锥齿轮；38—锥齿轮；39—十字轴；41—半轴锥齿轮；42—差速器左壳

是 M_0，若锥齿轮 38 的轮心离半轴轴线的距离为 r，则十字轴作用在四个行星齿轮处的总作用力为 $P=M_0/r$。这个力通过半轴齿轮带动左、右半轴。P 力作用在行星轮的轮心处，它离左、右半轴齿轮啮合处的距离是相等的，所以传给左、右两轮的驱动力矩也是相等的，若此时地面对半轴轴线的阻力矩也相等，那么行星齿轮和半轴齿轮之间不产生相对运动，半轴与差速器壳及从动大螺旋锥齿轮的阻力矩也相等，那么行星齿轮和半轴齿轮之间不产生相对运动，半轴与差速器壳及从动大螺旋锥齿轮以相同的转速一起转动，好像左、右驱动轮是由一根轴连在一起驱动的一样。

倘若由于某种原因，左、右两轮与地面接触处对半轴轴线作用的阻力矩不相等。例如，左轮的阻力矩为 $M_{左}$，右轮的阻力矩为 $M_{右}$，它们之间的差额为 ΔM，即 $|M_{左}-M_{右}|=\Delta M$，若力矩 ΔM 大于使行星齿轮转动时所需克服内部阻力的力矩时，行星齿轮就会绕其自身的轴线 O 转动起来，使左半轴齿轮与右半轴齿轮以相反的方向转动。由此可见，只要左、右两轮的阻力矩相差一个克服差速器内部转动摩擦力的力矩，就能使左半轴与右半轴分别以各自的转速转动，也就起到了差速的作用。

在一般常用的差速器中，克服行星齿轮转动时摩擦力所需的力矩和驱动力矩相比是很小的，可以忽略不计。

因此，ZL50 型轮式装载机采用的这种差速器，只能将相同的驱动力矩传给左、右驱动轮，当两侧驱动轮受到不同的阻力矩时，就自动改变速度，直至两轮的阻力矩基本相等。

概括成一句话，那就是装有这种差速器的驱动桥在传递力矩时，左、右驱动轮之间只能差速，而不能差力。

就拿驱动桥沿弯道行驶来看，此时外侧车轮要比沿直线行驶时滚过较长的路程，若差速器中行星齿轮转动时的摩擦力企图阻止车轮沿路面上较长的轨迹滚动，那么将在轮胎与地面之间产生滑动，地面也将对轮胎作用一个滑动摩擦力阻止轮胎在地面滑动，从而使车轮滚转并克服行星齿轮的内部摩托阻力，这样，外侧驱动轮就滚过了较长的路程，避免或减少了轮胎在地面上可能产生纵向滑动而引起磨损。

内侧车轮在沿弯道行驶时，要比沿直线行驶时滚过较短的路程，使之不产生纵向滑动的原理和外侧车轮是相同的。

4.5 ZL50 型轮式装载机电液换挡定轴式变速器

自 1996 年以来，我国有代表性的 ZL50 型轮式装载机上开始出现了微电脑集成控制的电液换挡定轴式变速器，该变速器的型号为“4WG200”，是按德国 ZF 公司技术生产的产品。2000 年以来，该变速器作为我国当前代表更新换代产品的标志性先进技术之一，逐步应用到换代产品上。许多主要装载机制造企业生产的代表当前最高技术水平的第三代 ZL50 型轮式装载机上，其传动系统基本上都采用了该变速器总成。由于价格的原因，目前在我国国内市场应用得还不是太多。最近两三年来，大约每年装机量在 2000～4000 台之间，目前有快速上升的趋势。由于市场拥有量还比较少，因此本节不作过多介绍。由于它代表了今后我国轮式装载机传动技术发展方向之一，同时目前国内已有好几家企业，包括主机企业及配套件企业，已研制了或正在研制这种用于 ZL50 型轮式装载机的变速器，ZL60 型、ZL30 型等类似变速器的研制工作也已开始，因此，本文有必要简单介绍 4WG200 变速器总成的概况及其先进性。

(1) ZL50 型轮式装载机用 4WG200 变速器概况

4WG200 变速器外形及其内部结构如图 4-14 所示，传动系统见图 4-15。

从图 4-14 及图 4-15 中可以看出，该变速器总成是由三元

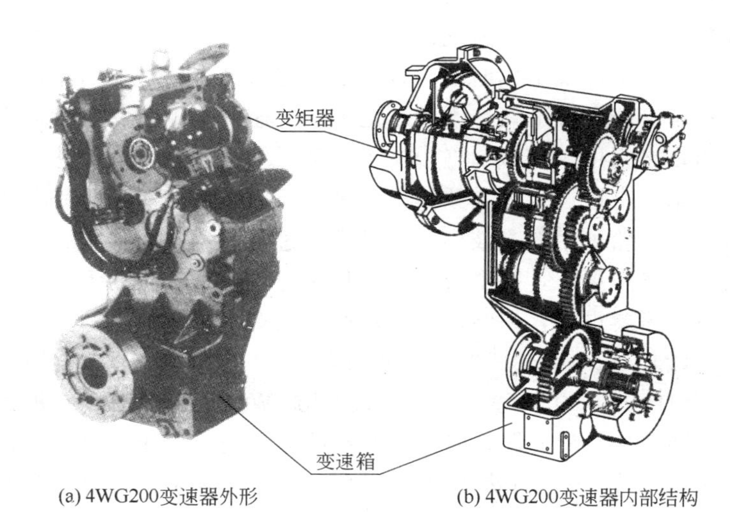

(a) 4WG200变速器外形　　(b) 4WG200变速器内部结构

图 4-14　4WG200 变速器总成

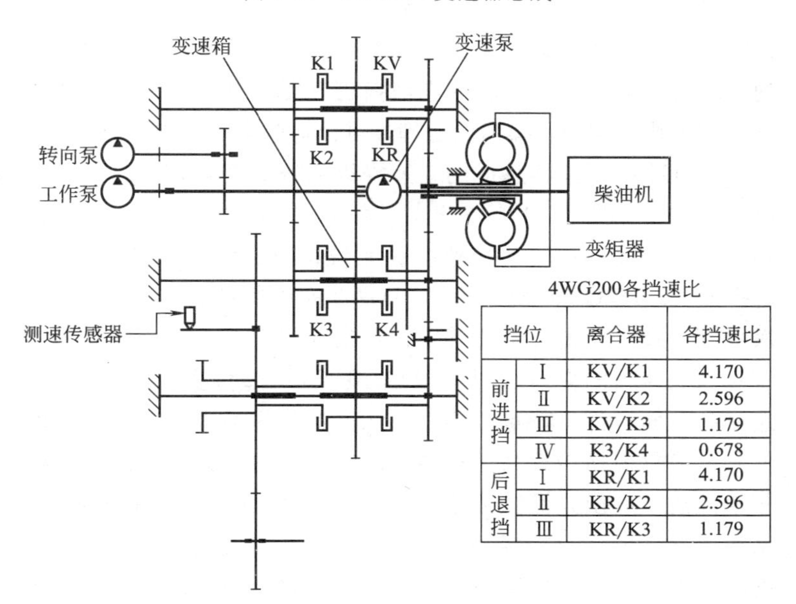

4WG200各挡速比

挡位		离合器	各挡速比
前进挡	Ⅰ	KV/K1	4.170
	Ⅱ	KV/K2	2.596
	Ⅲ	KV/K3	1.179
	Ⅳ	K3/K4	0.678
后退挡	Ⅰ	KR/K1	4.170
	Ⅱ	KR/K2	2.596
	Ⅲ	KR/K3	1.179

图 4-15　4WG200 变速器传动系统

件简单变矩器与四个前进挡、三个后退挡组成的定轴式变速箱组成，其结构及工作原理与定轴式变速器没有根本区别，其区别在于安装布置上稍有不同。定轴式变速器变矩器变速箱是分置的，之间用主传动轴连接，而4WG200变速器其变矩器与变速箱是直接连接为一整体式。另外，4WG200变速器其内部所有的齿轮采用的是鼓形齿，且都经过磨齿，因此其承载能力更强，噪声更小，整个总成的体积比定轴式变速器的体积要小得多，紧凑得多，但结构及工作原理没有本质上的区别。

（2）ZL50型轮式装载机用4WG200变速器的电液控制系统　前面讲了ZL50型轮式装载机所用4WG200变速器与定轴式变速器其结构及工作原理并没有本质的差别，为什么说一个技术比较落后，另一个却代表了当今世界先进水平？其根本区别在于操纵控制方面，定轴式变速器技术之所以落后，就在于变速操纵方面，该变速器有三根较长的操纵杆，操纵起来既不灵活方便，劳动强度又大，作业效率低。而4WG200变速器其变速操纵为微电脑集成控制的电液换挡，司机完成变速器操作相当于按电钮，同时，操纵的合理性可由电脑来安排与完成。

4WG200变速器总成的变速操纵系统见图4-16（a），其操纵手柄位置见图4-16（b）。从图4-16（a）可以看出，4WG200变速器总成其变速操纵系统由EST-17T变速箱换挡电控盒1、4WG200变速箱2、DW-2换挡选择器3、电液变速操纵阀7及一些电线电缆等零部件组成。

该变速箱的变速操纵为电脑-液压半自动控制，因此在变速操纵方面有许多特点。第一，该变速操纵冲击力很小，换挡十分平稳。因换挡相当于接通或断开一个电源开关，因此操纵非常灵活、方便，操纵力很小。第二，换挡操纵也非常简便，见图4-16（b），只需轻轻前后转动DW-2上换挡转套，即可获得前进Ⅰ～Ⅳ挡或后退Ⅰ～Ⅲ挡。只需将换向操纵杆轻轻向前或向后扳动，即可实现前进或后退。

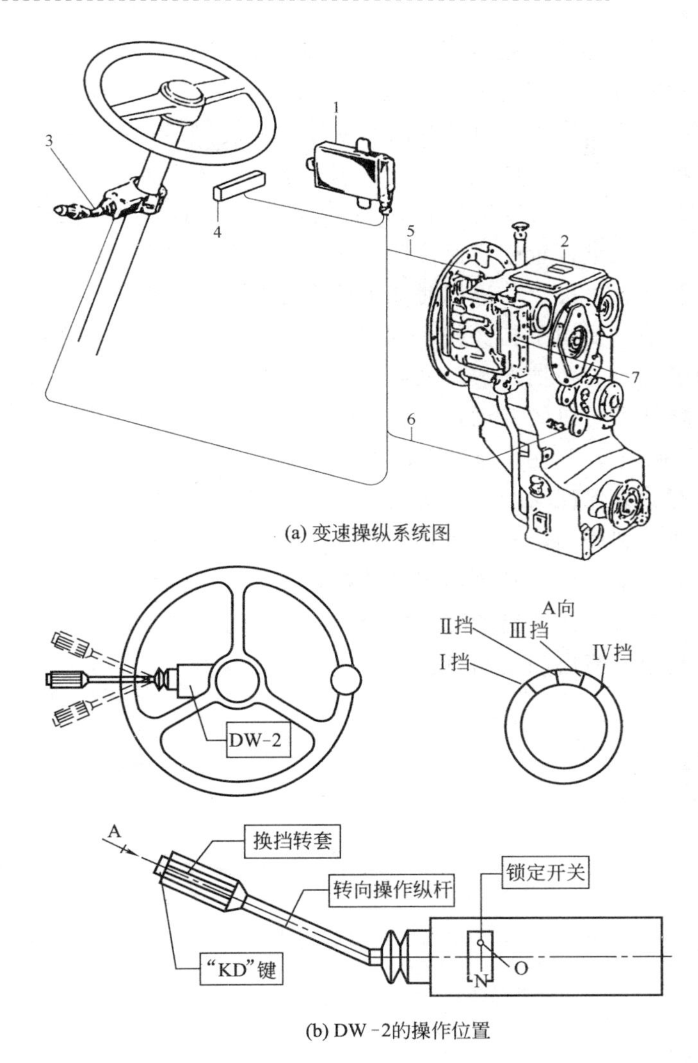

(a) 变速操纵系统图

(b) DW -2的操作位置

图 4-16　4WG200 变速器变速控制系统

1—变速箱换挡电控盒（内装 EST-17T 电脑控制板）；2—4WG200 变速箱；3—DW-2 换挡选择器；4—整车电路；5—变速箱控制换挡操纵（电缆）；6—输出转速传感器电缆；7—电液变速操纵阀

该变速操纵还有三项特殊功能，即“KD”功能、换挡锁定功能及空挡启动功能。在铲装作用过程中，为提高作业效率，一般情况下都以较高的作业速度Ⅱ挡操作。当装载机接近料堆、需要大的插入力时，可用手指轻轻按一下 DW-2 端部的“KD”键，这时变速箱挡位自动降为前进Ⅰ挡。铲装作业完后，将操纵杆置于后退位置，这时变速箱又自动将挡位挂到后退Ⅱ挡。再推上前进挡时变为前进Ⅱ挡，即整个Ⅰ、Ⅱ挡切换过程中只要用手指头按一次“KD”键就完成了。这样，既减少了司机的换挡次数，又可获得较高的作业速度，在很大程度上降低了司机的劳动强度，同时大大提高了作业效率。

锁定开关在“O”位置为开启状态，在“N”位置为锁定状态。为保证安全，当机器停机时，将变速操纵杆置于空挡位置即可利用锁定开关将其锁定。同时，如因转移工作场地等需要情况下，也可利用锁定开关锁定在某一个挡位上。

该机为保证启动时的安全性，有启动保护功能，即只有挂上空挡才能启动发动机。

第5章 装载机的转向系统

5.1 转向系统的类型及特点

目前，国内轮式装载机的转向方式也经历了180°回转式、偏转车轮式以及Z450的铰接车架式，20世纪80年代末引进了先导控制的流量放大转向系统，更进一步完善了操作性能。80年中期随着负荷传感器全液压转向器的研制成功，形成了80～250mL/min负荷传感器全液压转向器和160mL/min优先阀，满足了国内液压转向系统对节能元件的配套要求，为轮式装载机转向系统向负荷传感节能型的全面变革奠定了核心部件的基础。

装载机转向系统有液压助力转向系统、全液压转向系统（如负荷传感转向、流量放大转向）几种典型系统。流量放大转向系统又分为独立式与合流式，双泵合分流转向优先的卸荷系统是合流式的流量放大转向系统。

液压转向系统按转向油泵所供给的油压力和流量不同，可分为常流式液压系统和常压式液压系统。

常流式液压系统中的供油量不变。如果油泵输出的流量超过转向所需油量，多余油液则经溢流阀返回油箱，此时有功率损失。当转向阀处于中位时，油泵输出的油经转向阀回油箱卸荷。常流式系统的结构简单，制造成本低，如果设计合理，也可减小功率损失，系统压力随转向阻力变化而变化，是一种定量变压系统，被广泛应用在轮式装载机上。

常压式液压系统的压力为恒定值，转向系统能在压力大致不变的情况下工作。如果需要减小转向流量时，则油泵在压力调节机构的作用下使油泵排量减少。当不转向即无负荷时，油泵的排量减至最低，仅供补偿系统的漏泄。常压式系统除用变量泵获得常压外，也可采用定量泵-蓄能器系统获得常压。由于常压系统中的变量泵结构复杂，成本高，所以目前在装载机液压转向系统中采用不多。而采用定量泵-蓄能器常压系统也比常流系统的成本高，且蓄能器在总体布置上也困难，使用中还要定期补充氮气。

因此，目前国内装载机的液压转向系统多采用常流式液压系统。国外中大吨位的装载机有些转向系统采用蓄能器保持常压，使系统保持平稳的转向运动。

5.2 几种常见的转向系统

装载机的工作特点是灵活、作业周期短，因此，转向频繁、转向角度大，大多采用车架铰接形式，作业时转向阻力较大。为改善驾驶人员操作时的劳动强度、提高生产率，轮式装载机采用液压动力转向方式。

国内轮式装载机的主导产品以 ZL50 型为主，占 65%以上。其主要厂家生产的产品全都采用了全液压转向系统，但采用方式分几种不同的情况。

早期柳工和厦工生产的 ZL40 和 ZL50 型装载机，采用的是机械反馈随动的液压转向系统，但在油路设计上各有特点和不同。前者将转向系统和工作装置液压系统用流量转换阀联系在一起，形成三泵双回路能量转换液压系统，能有效地利用液压能。后者转向液压系统为一个独立的系统，采用稳流阀保证转向机构获得一恒定的能量。成工的 ZL50B 型与柳工的 ZL50C 型全液压流量放大转向系统相同。厦工、龙工的 ZL50C-Ⅱ型采用了优先流量放大转向系统，厦工在系统中增加了卸荷阀，可减少泵的排量及降低系统油压的压力损失。徐工的ZL50E型、山工的ZL50D型、常林的ZLM50E型等均采用了普通全液压转向系统，采用1000mL/r排量的大排量转向器转向，转向泵采用63mL/r或80mL/r排量的齿轮泵，在泵与转向器之间装有单稳阀，使转向流量稳定。但大排量转向器的体积大，性能不及带流量放大阀的系统优越，因此已逐步被一种新的同轴流量放大转向系统所替代。将小排量全液压转向器经特殊改进设计，可起到放大器的作用。同轴流量放大转向系统既起到全液压流量放大系统的作用，又减少了一个流量放大阀，性能优越，结构简单，成本低，有可能取代其他的全液压转向系统。

国内装载机目前采用的转向系统可概括为：机械反馈随动的液压助力转向系统；普通全液压转向系统；同轴流量放大转向系统；流量放大全液压转向系统；负荷传感器转向系统等。下面将逐一介绍。

(1) 液压助力转向系统

液压助力转向系统的工作原理如图5-1所示，由齿轮泵、恒流阀、转向机、转向油缸、随动机构和警报器等部件组成。采用前后车架铰接的形式相对偏转进行转向。

两个油缸大小腔油液的进出油转向阀控制，转向阀装在转向机的下端，恒流阀装在转向阀的左侧。转向阀、转向机、恒流阀连成一体装于后车架，转向阀芯随着转向盘的转动作上下移动，阀芯最大移动距离为3mm。

装载机转向盘不转时，转向随动阀处于中位，齿轮泵输出的油液经恒流阀高压腔3及转向机单向阀8进入转向机进口槽14，转向随动阀的中位是常开式的，但开口量很小，约为0.15mm，相当于节流口。转向随动阀有五个槽，中槽14是进油的，9与10分别与转向缸上、下腔连接，15与16和回油口13相通。进入14的压力油通过“常开”的轴向间隙进入转

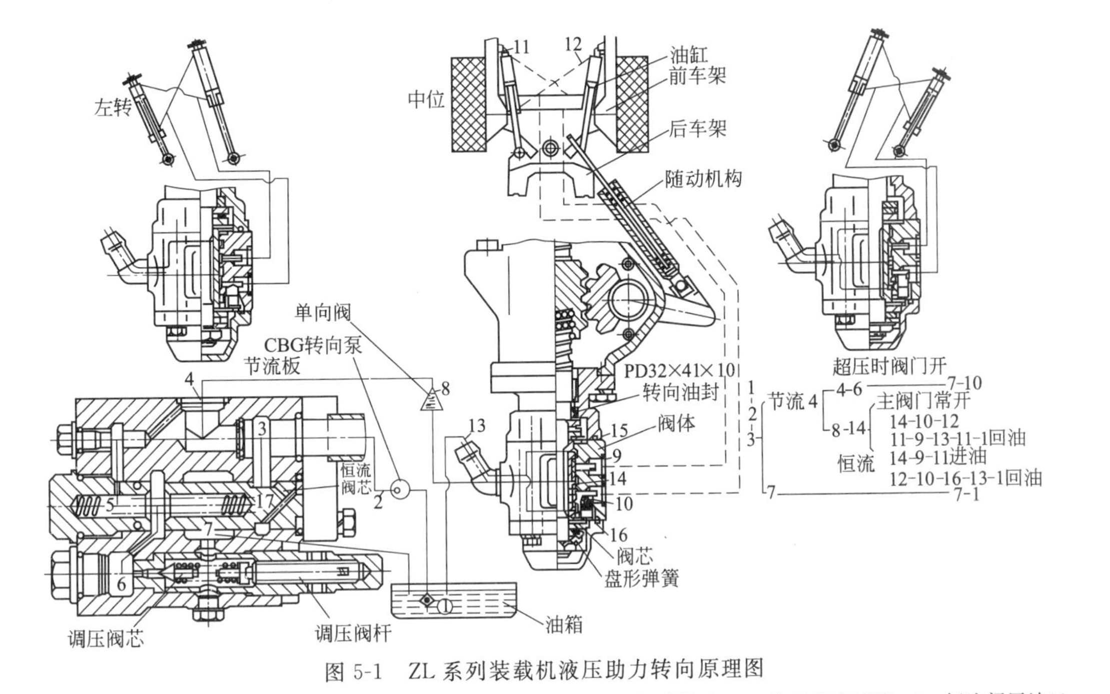

图 5-1 ZL 系列装载机液压助力转向原理图

1—油箱；2—转向泵；3—恒流阀高压腔；4—接转向机油口；5—恒流阀弹簧腔；6—先导阀高压腔；7—恒流阀回油口；8—转向机单向阀；9—转向油缸上腔；10—转向油缸下腔；11—左转向油缸；12—右转向油缸；13—转向机回油口；14—转向机进口中槽；15,16—转向机回油槽；17—恒流阀芯的环形槽

向油缸，齿轮泵输出的压力油经恒流阀、转向随动阀的微小开口与转向油缸的两个工作腔相通，再通过随动阀的微小开口回油箱。由于微波开口的节流作用使转向液压缸的两个工作腔液压力相等，因此油缸前后腔的油压相等，转向液压缸的活塞杆不运动，所以前、后车架保持一定的相对角度位置上，不会转动，机械直线行驶或以某转弯半径向行驶，这时反馈杆、转向器内的扇形齿轮及齿条螺母均不动。

转向盘转动时，方向轴作上、下移动，带动随动阀的阀芯克服弹簧力一起移动，移动距离约 3mm，随动阀换向，转向泵输出的压力油经恒流阀、随动阀进入转向液压缸的某一工作腔，转向缸另一腔的油液通过随动阀、恒流阀回油箱，转向缸活塞杆伸出或缩回，使车身折转而转向。由于前车架相对后车架转动，与前车架相连的随动杆便带动摇臂前后摆动，摇臂带动扇形齿轮转动，齿条螺母带动方向轴及随动阀芯向相反方向移动，消除阀芯与阀体的相对移动误差，从而使随动阀又回到中间位置，随动阀不再向液压缸通油，转向液压缸的运动停止，前后车架保持一定的转向角度。若想加大转向角度，只有继续转动转向盘，使随动阀的阀芯与阀体继续保持相对位移误差，使随动阀打开，直到最大转向角。液压助力转向系统为随动系统，其输入信号是通过方向轴加给随动阀阀芯的位移，输出量是前车架的摆角，反馈机构是随动杆、摇臂、扇形齿轮、齿条螺母和方向轴。

随着转向盘的转动，由于转向杆上的齿条、扇形齿轮、转向摇臂及随动杆等与前车架相连，在此瞬时齿条螺母固定不动，因此转向螺杆相对齿条螺母作转动的同时产生向上或向下移动。装在转向阀两端面的平面垫圈和平面滚珠轴承，随着转向杆做向上或向下移动而压缩回位弹簧及转向机单向阀，且逐渐使转向油缸腔体 9 或 10 打开，将高压油输入到转向缸的一腔，同时油缸的另一腔通过 10 或 9 回油。

当压力油进入转向油缸时，由于左右转向油缸的活塞杆腔与最大面积腔通过高压油管交叉连接，因此两个转向油缸相对铰接销产生同一方向的力矩，使前后车梁相对偏转。当前后车架产生相对偏转位移时，立即反馈给装在前车架的随动杆，连接在随动杆另一端的摇臂带动转向机内的扇形齿轮及齿条螺母做向上或向下移动，因而带动螺杆上下移动，这样，转向阀芯在回位弹簧的作用下回到中位，切断压力油继续向转向油缸供油的油道，因此装载机停止转向运动。只有在继续转动转向盘时，才会再次打开阀门 9 或 10 继续转向。

转向系统的操控可概括如下：

转动转向盘→转向阀芯上（或下）滑动，即转向阀门打开→油液经转向阀进入转向油缸，油缸运动→前后车架相对绕其连接销转动→转向开始进行→固定在前车架铰点的随动机构运动→随动机构的另一端与臂轴及扇形齿轮，齿条螺母运动→转向阀芯直线滑动，即转向阀门关闭。由此可见，前后车架相对偏转总是比转向盘的转动滞后一段很短的时间，才能使前后车架的继续相对转动停止。前后车架的转动是通过随动机构的运动来实现的，称为“随动”式反馈运动。

转向助力首先应保证转向系统的压力与流量恒定，但是发动机在作业过程中，油门的大小是变化的，转向齿轮泵往转向系的供油量及压力也会变化。这一矛盾可由恒流阀解决。

当转向泵 2 供油量过多时，液流通过节流板 3 可限制过多的油流入转向机，而流经恒流阀芯的 17 槽内，经斜小孔进入阀芯右端且把阀芯推向左移动，直至 17 与 7 两腔相通，7 是与油池相通的低压腔，此时阀芯就起溢流作用，把来自油泵过多的油液溢流入油箱。

如果油泵的供油经过节流板的压力超过额定值，超压的油液通过阻尼孔进入 5 和 6，可把先导安全阀调压阀芯的阀门打开，此时 6 腔与 3 腔的压力差增大，自 3 流经 17 通过斜小孔进入恒流阀芯右端的压力油超过5腔油压与弹簧力之和，可使阀芯向左移动，直至17与7相通，此时转向系统的压力就立即降低到额定值。由于系统的压力降至额定值，6腔的压力也随着降低，先导安全阀芯在弹簧的作用下向左移动，直至把阀门重新关紧。

节流板及恒流阀芯可保证转向系统供油量恒定，先导安全阀（调压阀）与恒流阀保证转向系统压力的恒定与安全，使系统压力的变化更为灵敏地得到安全可靠的保证。

（2）全液压转向系统

转向液压系统一般包括动力元件转向泵、流量控制元件、单稳阀、转向控制元件转向器和转向执行元件转向缸。各种转向液压系统的构造及原理各有特点。

装载机全液压转向系统主要有三种形式。

第一种是用一台小排量［200mL(mL/r)］以下普通转向器，通过流量放大器来放大流量。这是最早开发的大排量转向系统，需要转向器、流量放大器两种元件组合，空间大，管路长，接口多，能量损失较大。

第二种是采用加长定子转子组件的普通型全液压转向器。取消了流量放大器，结构相对简单，但液压油在转向器中流经的路径远，所以压力损失比较大。流量的增加是靠加长定子转子组件来实现的，轴向尺寸长，质量大，空间受到限制。

第三种是新型的同轴流量放大全液压转向器，具有体积小、质量轻、安装方便的特点，与优先流量控制阀组成负荷传感系统，有明显的节能特点。

全液压转向系统一般用在斗容量较小的装载机上。

国产ZL30型以下的小型装载机，均采用全液压转向系统。这种转向系统采用BZZ摆线式计量马达，作为机械内反馈的全液压转向器，转向盘转动通过转向器来控制液压缸的动作，操纵装载机的转向。全液压转向系统不需要反馈连杆，可排除不稳定性，部件通用性好。

① 同轴流量放大器和优先阀组成的普通全液压转向系统

普通全液压转向系统由转向泵、单稳分流阀、同轴流量放大转向器、转向油缸以及连接管路组成。具有以下特点：

a. 无论负载压力大小、转向盘转速高低，优先阀分配的流量均能保证供油充足，使转向平稳可靠。

b. 油路输出的流量，除向转向油路分配其维持正常工作所必需的流量外，剩余部分可全部供给工作液压系统使用，从而消除了由于向转向油路供油过多而造成的功率损失，提高了系统效率。

c. 由于系统功率损失小，回油又通过冷却器冷却，因而系统热平衡温度低。元件尺寸小，结构紧凑。

该类型的全液压转向系统主要由转向油泵、同轴流量放大器、优先阀、单向缓冲补油阀块、转向油缸及油箱、冷却器、管路等组成，如图 5-2 所示，转向系统与工作液压系统共用一个油箱。

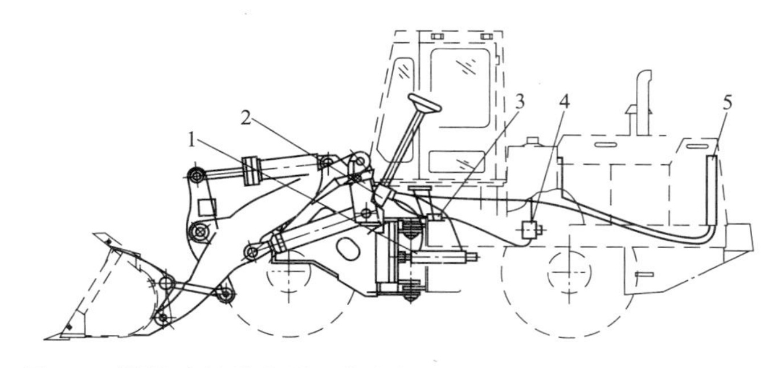

图 5-2 同轴流量放大器和优先阀组成的全液压转向系统布置图
1—转向油缸；2—TLF1 型转向器；3—优先阀；4—转向油泵；5—冷却器

图 5-3 是其液压油路图，优先阀 2 和 TLF1 型同轴流量放大器 4 组成负荷传感系统，实现向转向油路优先稳定供油，而多余的油供给工作液压系统。若将零件 4 图形符号中的粗实线

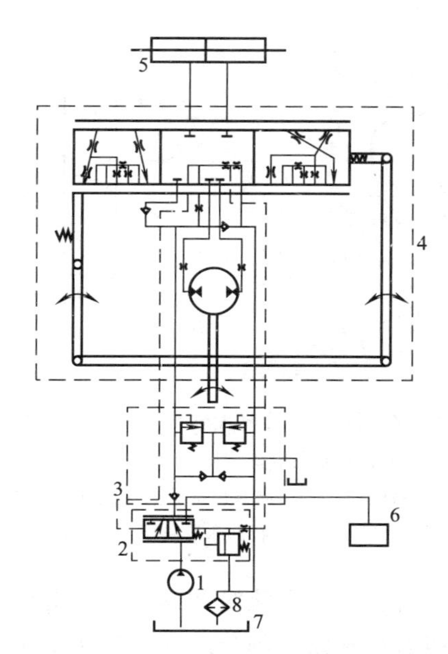

图 5-3　同轴流量放大器和优先阀组成的转向系统油路图

1—油泵；2—优先阀；3—单向缓冲补油阀块；4—TLF1 型同轴流量放大器；5—转向油缸；6—多路阀；7—油箱；8—冷却器

部分（与计量油路并联的放大油路）去掉，便蜕变成一个负荷传感全液压转向器。

转向系统的元件、管路如图 5-4 所示。

转向泵从工作油箱吸油后，通过油管 5 向优先阀供油，由于优先阀和转向器（放大器）之间有控制油管 3，因而能保证优先阀首先满足对转向器的供油，多余的油则和工作油合流。

优先阀通过油管 2 向转向器供油，转向器则根据工作需要（即对转向盘的操纵），通过油管 1 向转向缸的大腔（或小腔）供油，使油缸伸长（或缩短），实现整机的转向，其中转向缸的回油经转向器通过回油管 6 经冷却器、油管 8 回油箱。

② 优先转向全液压转向系统　优先转向全液压转向系统

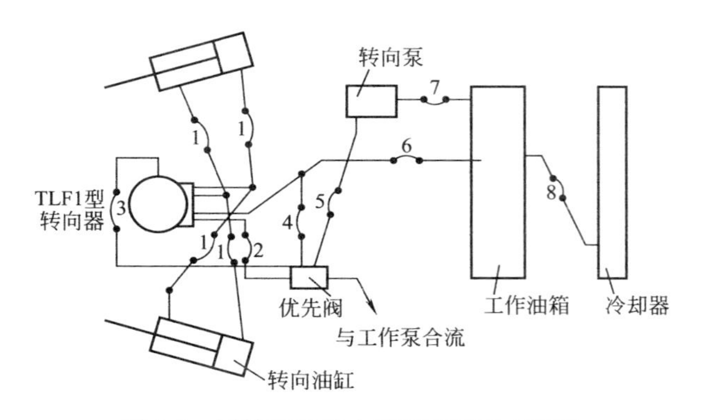

图 5-4　同轴流量放大转向系统基本布置

1—转向器至转向缸油管；2—转向器进油管；3—控制油管；4—优先阀泄油管；5—转向泵出油管（至优先阀）；6—转向系统回油管（至冷却器）；7—转向泵进油管；8—冷却器至油箱油管

是由油泵、转向器、单向溢流缓冲阀组、转向油缸、油箱、单路稳流阀、冷却器和管路等部分组成，见图 5-5。

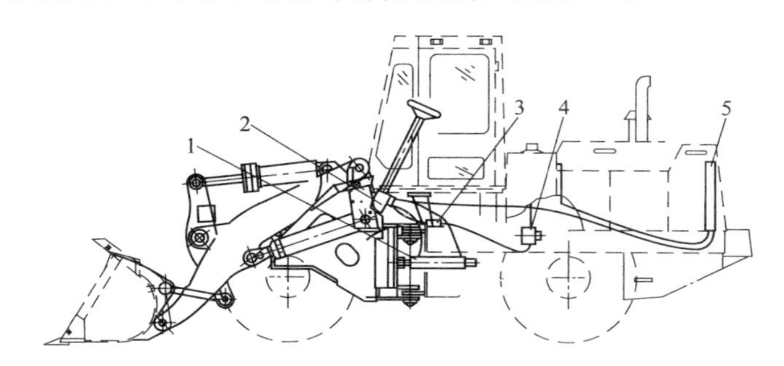

图 5-5　优先转向全液压转向系统布置图

1—转向油缸；2—液压转向器；3—单路稳定阀；4—转向油泵；5—冷却器

图 5-6 中，转向与工作液压系统共用一个液压油箱，油泵为 CBG2063 齿轮泵，安装在变矩器箱体下部，由发动机经变矩器传来的动力带动，油泵将压力油经单路稳流阀输送到单向溢流缓冲阀组。

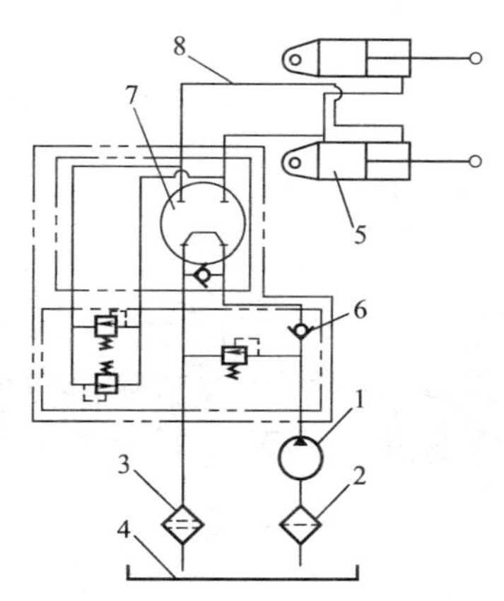

图 5-6 优先转向全液压转向系统原理图

1—齿轮油泵；2—粗滤器；3—精滤器；4—油箱；
5—转向油缸；6—单向溢流缓冲阀；7—转向器；8—管路

单向溢流缓冲阀由阀体和装在阀体内的单向阀、溢流阀、双向缓冲阀等组成，单向阀的作用是防止转向时，当车轮受到阻碍，转向油缸的油压剧升至大于工作油压时，造成油流反向，流向输油泵，使方向偏转。双向缓冲阀组安装在通往转向油缸两腔的油孔之间，实际上是两个安全阀，用来使在快速转向时和转向阻力过大时，保护油路系统不致受到激烈的冲击而引起损坏。双向缓冲阀组是不可调的，溢流阀装在进油孔和回油孔之间的通孔中，在制造装配中已调整好，其调整压力为13.7MPa，主要用来保证压力稳定，避免过载，同时在转动转向盘时，起卸载溢流作用。单路稳流阀（FLD-F60H）是确保在发动机转速变化的情况下，保证转向器所需的稳定流量，以满足主机液压转向性能的要求。

液压转向器是转向系统的关键组成部分，如图 5-7 所示，由阀体 4、阀套 5、阀芯 3、联动器 6、配油盘 7、定子套 9、转子 8、拨销 13、回位弹簧 14 等主要零件组成。

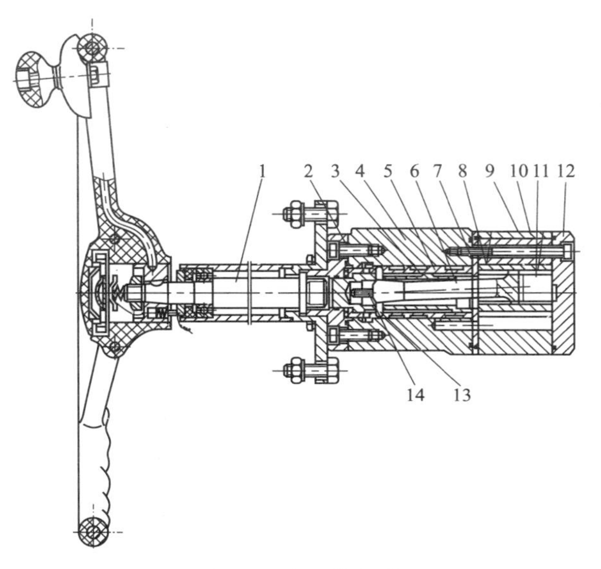

图 5-7　液压转向器

1—转向轴；2—上盖；3—阀芯；4—阀体；5—阀套；6—联动器；7—配油盘；8—转子；9—定子套；10—针齿；11—垫块；12—下盖；13—拨销；14—回位弹簧

阀套 5 在阀体 4 的内腔中，由转子 8 通过联动器 6 和拨销 13 带动着，可在阀体 4 内转动；阀芯 3 在阀套 5 的内腔中，可由转向盘通过转向轴带动着转动。定子套 9 和转子 8 组成计量泵。定子固定不动，有七个齿，转子有六个齿，它们组成一对摆线针齿啮合齿轮。当转向盘不转动时，阀芯和阀套在回位弹簧 14 作用下处于中立位置。阀体上有四个安装油管接头的螺孔，分别与进油、回油和油缸两腔相连。

工作过程如下：

定子固定不动，转向时转子可以跟随转向盘同步自转，同时又以偏心距 e 为半径，围绕定子中心公转。不论在任何瞬间，都形成七个封闭齿腔。这七个齿腔的容积随转子的转动而变化，通过阀体 4 上的均布的七个油孔和阀套 5 上均布的十二个油孔向这七个齿腔配流，让压力油进入其中一半齿腔，另一半齿腔油压送到转向油缸内。

当转向盘不转动时，阀套5和阀芯3在回位弹簧14的作用下处于中立位置，通往转子、定子齿腔和转向油缸两腔的通道被关闭，压力油从阀芯和阀套端部的小孔进入阀芯的内腔，经阀体上回油口返回油箱，而转向油缸两腔的油液既不能进，也不能出，活塞不能移动，装载机朝原定方向行驶。

当转向盘向某个方向转动时，通过转向轴带动阀芯3旋转，阀套5由于转子的制动而暂时不转动，从而使阀芯与阀套产生了相对转动，并逐渐打开通往转子、定子套齿腔和转向油缸两腔的通道，同时阀芯和阀套端部的回油小孔逐渐关闭。进入转子、定子套齿腔的压力油使转子旋转，并通过联动器6和拨销13带动阀套5一起跟随转向盘同向旋转。转向盘继续转动，则阀套5始终跟随阀芯3（即跟随转向盘）保持一定的相对转角同步旋转。这一定的相对转角保证了向该方向转向所需要的油液通道，进入转子。定于套齿腔的压力油使转子旋转，同时又将油液压向转向油缸的一腔，另一腔的油液经转向器内部的回油道返回油箱，转向盘连续转动，转向器便把与转向盘转角成比例的油量送入转向油缸，使活塞运动，推动车架折转，完成转向动作。此时，转子和定子起计量泵的作用。

转向盘停止转动，即阀芯3停止转动，由于阀套5的随动和回位弹簧14的作用，使阀芯与阀套的相对转角立即消失，转向器又恢复到中立位置，装载机沿着操纵后的方向行驶。

转向系统无须经常维护保养，只要油缸两端定期加注润滑脂即可。另外，需特点注意的是：在安装时，联动器与拨销槽轴线相重合的花键齿需装在转子正对齿谷中心线的齿槽内，不然，会破坏配油的准确性。

（3）流量放大全液压转向系统

流量放大转向系统主要是利用低压小流量控制高压大流量

来实现转向操作的，特别适合大、中型功率机型。流量放大全液压转向系统目前在国产装载机上的应用越来越广泛，系统具有以下特点：

a. 操作平衡轻便、结构紧凑、转向灵活可靠。

b. 采用负载反馈控制原理，使工作压力与负载压力的差值始终为一定值，节能效果明显，系统功率利用合理。

c. 采用液压限位，减少机械冲击。

d. 结构布置灵活方便。

其形式主要有两种：普通独立型、优先合流型。前者转向系统是独立的，后者转向系统与工作系统合流，两者转向原理与结构相同。下面主要就普通独立型流量放大转向系统进行介绍，其内容同样适合优先合流型流量放大转向系统。

流量放大转向系统有独立型与合流型：独立型流量放大全液压转向系统的液压系统是独立的，与工作液压系统供油各自独立；合流型流量放大全液压转向系统由液压油源供油，双泵合分流转向优先的卸荷系统是合流型的流量放大转向系统。

流量放大转向系统主要由流量放大阀、转向限位阀、全液压转向器、转向油缸、转向泵及先导泵等组成，如图 5-8 所示。

流量放大系统的主要内涵是流量放大率。流量放大率的概念是指转向控制流量放大阀的流量放大率，即先导油流量的变化与进入转向油缸油流量的变化的比例关系。例如，由 0.7L/min 的先导油的变化引起 6.3L/min 转向液压油缸油流量的变化，其放大率为 9：1。

全液压转向器输出流量与转速成比例，转速快则输出流量大，转速慢则输出流量小。流量放大阀的先导油由其供给。转向转向盘即转动全液压转向器，全液压转向器输出先导油到流量放大阀主阀芯一端，此流量通过该端节流孔的主阀芯两端产生压差，推动主阀芯移动，主阀芯阀口打开，转向泵的高压大

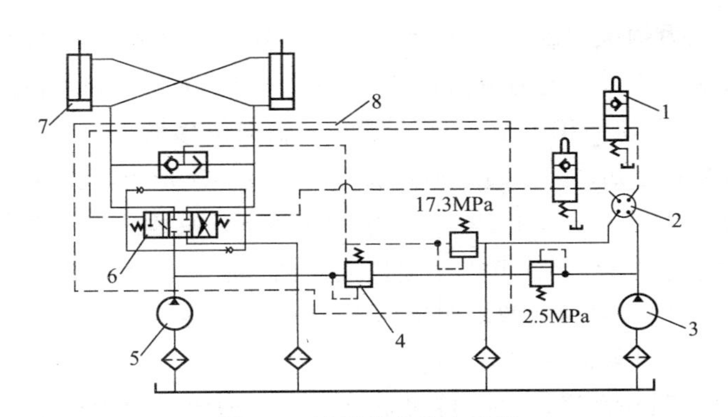

图 5-8 流量放大转向系统

1—限位阀；2—转向器；3—先导泵；4—压力补偿阀；5—转向泵；6—主控制阀芯；7—转向缸；8—流量放大阀

流量油液经主阀芯阀口进入转向油缸，实现转向。转向盘转速快，输出先导油流量大，主阀芯两端的压差就大，阀芯轴向位移也大，通流面积就大，输入到转向油缸的流量就大，从而实现了流量的比例放大控制。

左右限位阀的功能是防止车架转向到极限位置时，系统中大流量突然受到阻塞而引起压力冲击。当转向将到达极限位置时，触头碰到前车架上的限位拦块，将先导油切断，从而控制油流逐步减少，避免冲击。

流量放大阀内有主控制阀芯，其功能是根据先导油流来控制其位移量，从而控制进入转向油缸的流量。该阀芯由一端的回位弹簧回位，并利用调整垫片调整阀芯中位。

流量放大阀同时作为转向系统的卸载阀及安全阀，转向泵的有效流量可用调整垫片来调节。

流量放大阀内还有一个压力补偿阀，该阀芯通过梭阀将负载压力反馈到弹簧腔，另一腔接受工作压力。该阀芯力平衡方程为 $p_o = p_r + p_n$（p_o 为泵出口压力，p_n 为负载压力，p_r 为弹簧预紧力），即 $p_r = p_o - p_n$，由于 p_r 为一定值，即主阀芯阀口压力损失（p_o-p_n）为一定值。这样，通过主阀芯的流量仅决定于阀口的通流面积 A_c[$A_c=f(x)$，x 为主阀芯轴向位移]，而通流面积 A_c决定于主阀芯的轴向位移量 x，由节流口流量公式可知，经主阀芯阀口到转向油缸的流量为：$Q=CA_c p_r$（C 为流量系数），可见在 p_r一定的条件下，只要改变主阀芯阀口的通流面积 A_c就可以改变进入转向油缸 Q，由于该通流面积 A_c控制着主阀芯的轴向位移量 x，所以控制了通流面积 A_c，就控制了到转向油缸油液的流量 Q。

① 独立型流量放大转向系统　独立型流量放大全液压转向系统由转向泵、减压阀（或组合阀）、转向器（BZZ3-125）、流量放大阀、转向油缸以及连接管路组成。

a. 流量放大转向系统的结构　流量放大动力转向系统分先导操纵系统和转向系统两个独立的回路，如图 5-9 所示。先导泵 6 把液压油供给先导系统和工作装置先导系统，先导油路

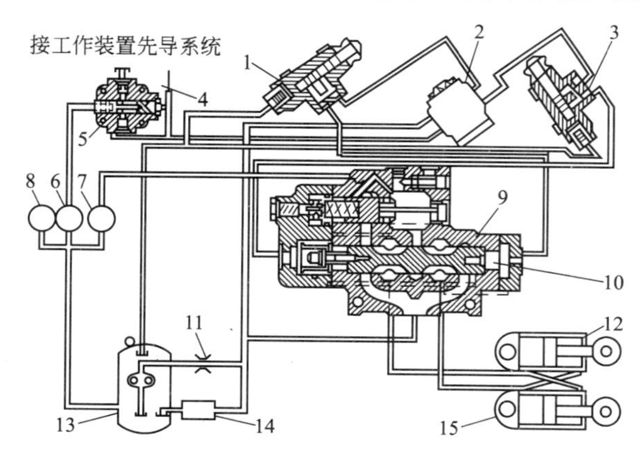

图 5-9　流量放大转向系统示意图

1—左限位阀；2—液压转向器；3—右限位阀；4—先导系统单向阀；5—先导系统溢流阀；6—先导泵；7—转向泵；8—工作泵；9—流量放大阀；10—滑阀；11—节流孔；12—左转向油缸；13—液压油箱；14—油冷却器；15—右转向油缸

上的溢流阀 5 以控制先导系统的最高压力，转向泵 7 把液压油供给转向系统。先导系统控制流量放大阀 9 内的滑阀 10 的位移。

先导操纵系统由先导泵 6、溢流阀 5、液压转向器 2、左限位阀 1 及右限位阀 3 组成。先导输出的液压油总是以恒定的压力作用于液压转向器，液压转向器是一个小型的液压泵，起计量和换向作用，当转动转向盘时先导油就输送给其中一个限位阀。如果车辆转至左极限或右极限位置时，限位阀将阻止先导油流动。如果车辆尚未转到极限位置，则先导油将通过限位阀流到滑阀 10 的某一端，于是液压油通过阀芯上的计量孔推动阀芯移动。

转向系统包括转向泵 7、转向控制阀和转向油缸 12、15。转向泵将液压油输送至流量放大阀。如先导油推动阀芯移动到右转向或左转向位置时，来自转向泵的液压油通过流量放大阀流入相应的油缸腔内，这时油缸另一腔的油经流量放大阀回到油箱，实现所需要的转向。

b. 先导操纵回路　BZZ3-125 全液压转向器为中间位置封闭、无路感的转向器，如图 5-10 所示，由阀芯 6、阀套 2 和阀体 1 组成随动转阀，起控制油流动方向的作用，转子 3 和定子 5 构成摆线针齿啮合副，在动力转向时起计量马达作用，以保证流进流量放大阀的流量与转向盘的转角成正比。转向盘不动时，阀芯切断油路，先导泵输出的液压油不通过转向器。转动转向盘时，先导泵的来油经随动阀进入摆线针齿轮啮合副，推动转子跟随转向盘转动，并将定量油经随动阀和限位阀输至转向控制阀阀芯的一端，推动阀芯移动，转向泵来油经转向控制阀流入相应的转向油缸腔。先导油流入流量放大阀阀芯某端的同时，经阀体内的计量孔流入阀芯的另一端，经与连接的限位阀、液压转向器回油箱。

限位阀的结构如图 5-11 所示，当车辆转向至最大角度时，

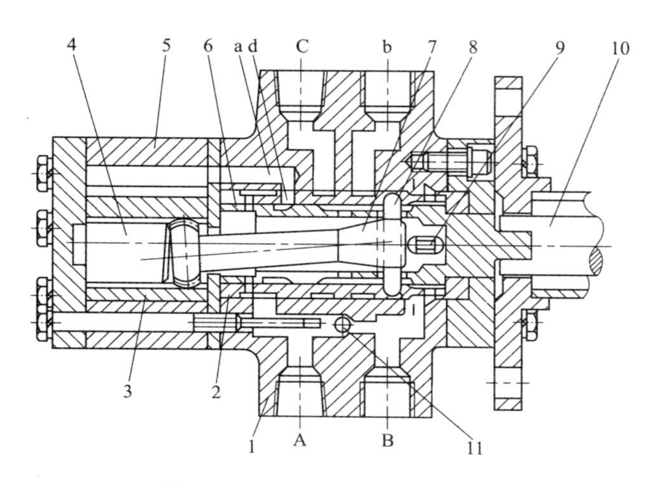

图 5-10　BZZ3-125 全液压转向器

1—阀体；2—阀套；3—计量马达转子；4—圆柱；5—计量马达定子；6—阀芯；7—连接轴；8—销子；9—定位弹簧；10—转向轴；11—止回阀

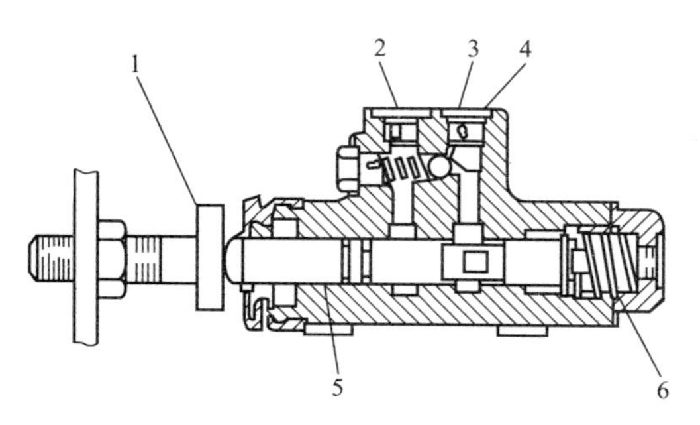

图 5-11　关闭位置的限位阀

1—撞针双头螺栓组件；2—进口；3—球形单向阀；4—出口；5—阀杆；6—弹簧

限位阀切断先导油流向流量放大阀的通道，在车辆转到靠上车架限位块前就中止转向动作。

从转向器来的先导油，在流入流量放大阀前必须先经过右限位阀或左限位阀。来自转向器的油从进口 2 进入限位阀，流到阀杆 5 四周的空间，通过出口 4 流到流量放大阀。

当车辆右转至最大角度时，撞针 1 会与右限位阀的阀杆 5 接触，使阀杆移位，直到先导油停止从进口 2 流到出口 4，即液压油停止从转向计量阀的阀芯计量孔流过，于是阀芯便回到中位，车辆停止转向。

在开始向左转前，液压油必须从转向阀芯的回油端流到右限位阀，因为阀杆 5 有困油现象，所以阀芯端的液压油必须通过球形单向阀 3 回油，方能使转向阀芯移动，开始转向。如车辆左转一个小角度，撞针 1 将离开阀杆，使先导油重新流入阀杆的四周，而球形单向阀再次关闭。

c. 转向回路　流量放大阀阀杆处于中位位置时如图 5-12 所示。当转向盘停止转动或车辆转到最大角度限位阀关闭时，由于先导油不流入阀芯的任一端，弹簧 8 使阀芯口保持在中间位置。此时阀芯切断转向泵来油，进油口 15 的液压油压力将会提高，迫使流量控制阀 18 移动，直到液压油从出油口 5 流

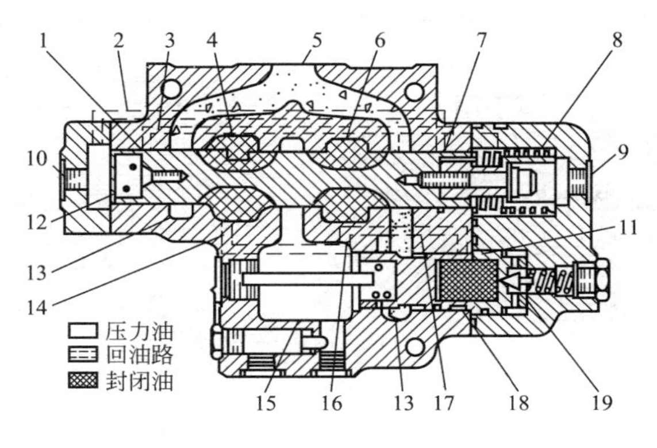

图 5-12　流量放大阀（中位）

1,7—计量孔；2,3—流道；4—左转向出口；5—出油口；6—右转向出口；8—弹簧；9—右限位阀进口；10—左限位阀进口；11—节流孔；12—阀芯；13—回油道；14,17—流道；15—进油口（从转向泵来）；16—球形梭阀；18—流量控制阀；19—先导阀（溢流阀）

出，控制阀 18 才停止移动。中间位置时阀芯封闭去油缸管路的液压油，此时，只要转向盘不转动，车辆就保持在既定的转向位置，与油缸连接的出口 4 或 6 中的油压力经球形梭阀 16 作用到先导阀 19 上。当阀芯处于中位时，假如有一个外力企图使车辆转向，此时出口 4 或出口 6 内的油压将提高，会预开先导阀 19，使管道内的油压不致高于溢流阀的调定压力 (17.2±0.34)MPa。

图 5-13 (a) 所示为流量放大阀右转向位置。当转向盘右转时，先导油输入流量放大阀进口 9，随后流入弹簧腔 8。进口 9 压力的提高会使阀芯向左移动，阀芯的位移量受转向盘的转速控制。如转向盘转动慢，则先导油液少，阀芯位移就小，转向速度就慢。若转向盘转动加快，则先导油液增多，阀芯位移就大，转向速度就快。先导油从弹簧腔流经计量孔 7，再流过流道 2 流入阀芯左端，然后流入进口 10 经左限位阀到转向器，转向器使液压油回液压油箱。随着阀芯向左移动，从转向泵来的液压油将流入进油口 15，通过阀芯内油槽进入出口 6，

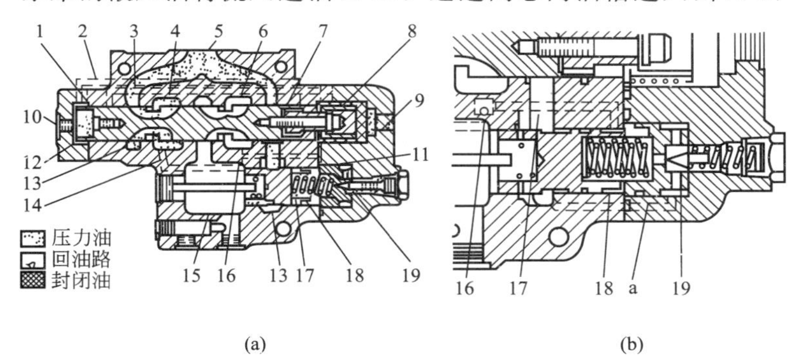

图 5-13　流量放大阀（右转向位置）

1,7—计量孔；2,3,14,17—流道；4—左转向出口；5—回油口；6—右转向出口；8—弹簧腔；9—右限位阀进口；10—左限位阀进口；11—节流孔；12—阀芯；13—回油道；15—进油口（从转向泵来）；16—球形梭阀；18—流量控制阀；19—先导阀（溢流阀）

再流入左转向油缸的大腔和右转向油缸的小腔。流入油缸的压力油推动活塞，使车辆向右转向。

当压力油进入出口 6 时，会顶开球形梭阀 16，去油缸的压力油可通过流道 17 作用在先导阀 19 及流量控制阀 18 上。倘若有一个外力阻止车辆转向，出口 6 的压力将会增高，这就意味着对先导阀和流量控制阀的压力也增大，导致流量控制阀向左移动，使更多的液压油流入油缸。如果压力继续上升，超过溢流阀的调定压力（17.2±0.35）MPa，则溢流阀开启。油缸的回油经油口 4 流入回油道 13，然后通过油口 5 回油箱。

如图 5-13（b）所示，当溢流阀开启时，液压油经流道 17 流经先导阀，经流道 a 回油箱，使得流量控制阀弹簧腔内的压力降低。进油口 15 内的液压油流经流量控制阀的计量孔回油箱，起到卸载作用，释放油路内额外压力。当外力消除、压力下降时，流量控制阀和溢流阀就恢复到常态位置。

左转向时流量放大阀的动作与右转向时相似，先导油进入油口 10，推动阀芯向右移动，从进油口 15 来的液压油经阀芯 12 的油槽流到出口 4，随后流到右转向油缸的大腔和左转向油缸的小腔，流入油缸的压力油推动活塞，使车辆向左转向。当阀芯处于左转向位置时，油缸中的油压力经流道 14、球形梭阀 16 和流道 17 作用在先导阀 19 上。溢流阀余下的动作与右转向位置时相同。

② 合流型流量放大转向系统　合流型流量放大全液压转向系统由转向泵、组合阀、转向器（BZZ3-125）、优先流量放大阀、转向油缸以及连接管路组成。由优先型流量放大阀与 SXH25A 卸载阀配套使用，除优先供应转向系统外，还可以使转向系统多余的油合流到工作系统，这样可降低工作泵的排量，以满足低压大流量的作业工况。当工作系统的压力超过卸载阀调定压力时，转向部分多余的油就经卸载阀直接回油，以满足高压小流量时的作业工况，降低了液压系统的温升，提高

柴油机功率的利用率。

a. 优先型流量放大阀　ZLF 系列优先型流量放大阀是转向系统中的一个液动换向阀，利用小流量的先导油推动主阀芯移动，来控制转向泵过来的较大流量的压力油进入转向油缸，完成转向动作。它结构紧凑，转向灵活可靠，以低压小流量来控制高压大流量。采用负载反馈控制原理，使工作压力与负载压力的差值始终保持为定值，节能效果显著，系统功率利用充分。

普通型流量放大阀和优先型流量放大阀相比，中立位置、转向位置的工作原理基本一样，只是经优先型中 PF 口合流到工作系统中去的油全部经过右移的压力补偿阀直接回油。所以与优先型流量放大阀相比，普通型流量放大阀中转向泵的流量不能得到充分利用，柴油机的有效功率利用不够充分。

优先型流量放大阀的结构如图 5-14 所示，主要由阀体 3、

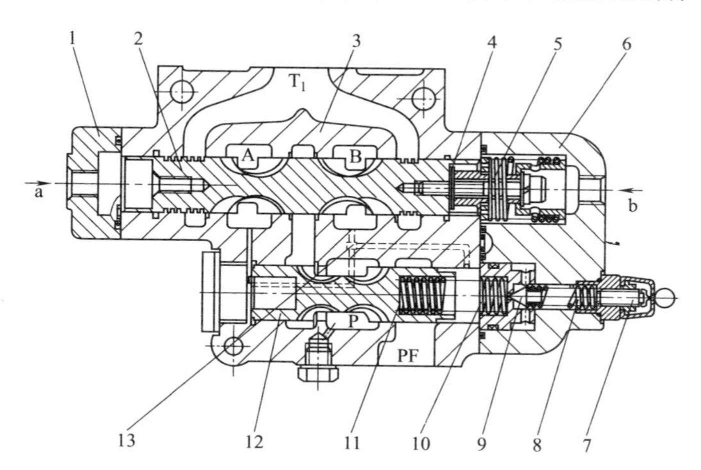

图 5-14　优先型流量放大阀结构

1—前盖；2—放大阀芯；3—阀体；4—调整垫圈；5—转向阀弹簧；6—后盖；7—调压螺钉；8—先导阀弹簧；9—锥阀；10—分流阀弹簧；11—调整垫片；12—分流阀芯；13—梭阀

放大阀芯2、分流阀芯12、锥阀9、转向阀弹簧5、分流阀弹簧10等零件组成，其原理如图5-15所示。

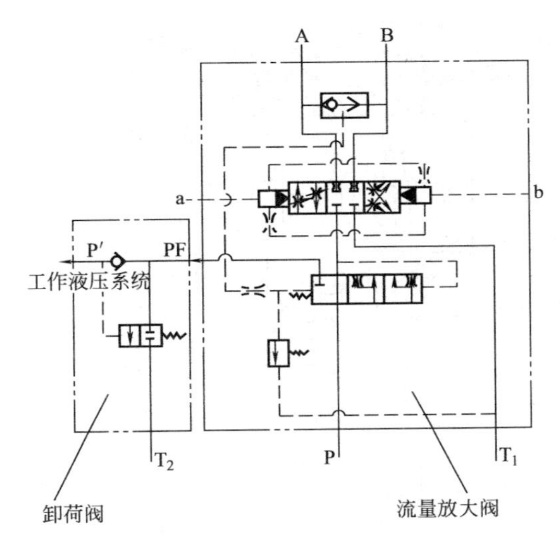

图5-15　优先型流量放大阀组液压系统原理

P—进油口；A，B—接左、右转向油缸；T_1，T_2—回油口；a，b—左、右先导控制油口；P′—通工作液压系统

当转向盘停止转动或转向到极端位置时，先导油被切断，转向阀弹簧5使放大阀芯2保持在中立位置，转向泵的油推动分流阀芯12右移，全部从PF口流入到图5-16卸载阀中的P口，再打开单向阀13进入到P口的工作系统中去，可以满足作业工况中低压大流量时的要求。这样，转向泵的油液就得到了充分的利用，所以可降低工作泵的排量。当工作系统中的压力即P口压力超过卸载阀的调定压力时，导阀8开启，油液就通过阀芯3中的阻尼孔回油，由于油液在流过阻尼孔时产生的压力差推动阀芯3往下移动，P口与T口相通。单向阀13关闭，这样从转向泵过来的油液通过图5-16中卸载阀打开阀芯3直接卸荷回油，可降低系统油液的温度，同时又满足作业工况

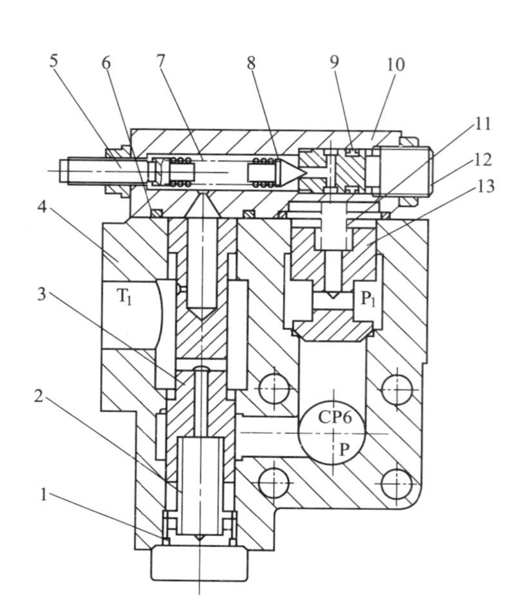

图 5-16　SXH25A 卸荷阀结构示意图

1,6—O 形密封圈；2—卸荷阀弹簧；3—阀芯；4—阀体；5—调压丝杠；7—导阀弹簧；8—导阀；9—导阀座；10—导阀体；11—单向阀弹簧；12—螺堵；13—单向阀

中高压小流量的要求。

如图 5-14 所示，由于放大阀芯 2 处在中立位置，所以 P 腔的液压油与左、右转向油缸 A、B 腔的液压油不再相通，保证装载机以转向盘停止转动时的方向行驶。封闭在左、右转向口 A、B 腔的液压油通过内部通道作用在安全阀的锥阀 9 上。当转向轮受到外加阻力时，A 腔或 B 腔的压力升高，直到打开锥阀 9 以保护转向油缸等液压元件不被破坏。

当转向盘向右转时，先导油就从右先导油口沿着 b 方向流进弹簧腔，随着转向阀弹簧 5 的弹簧腔压力升高，推动放大阀芯 2 向左移动，于是 P 腔与右转向口 B 接通，左转向口 A 与回油口 T_1 接通，液压油就进入右转向口油缸，实现右转向。

在优先满足右转向的同时，其多余油经 F 口进入到卸载阀的 P 口，再打开单向阀 9 合流到工作系统中去。当工作系统中的压力即 P 口压力超过卸载阀的调定压力时，这与中立位置时一样，多余的油液就直接卸荷回油。

阀芯移动量由转向盘的转动来控制。转向盘转动越快，先导油就越多，阀芯位移就越大，转向速度也越快。反之，转向盘转动慢，阀芯位移小，转向速度也就慢。

压力油流入右转向口 B 的同时，由于负载反馈作用，使得作用在分流阀芯 12 两端的压力差保持不变，从而保证去转向油缸的流量只与阀芯的位移有关而与负载压力无关，油的压力经过梭阀 13 作用在锥阀 9 和分流阀芯 12 的右端，起到了自动控制流量的作用。如压力继续上升超过安全阀的调定压力时，锥阀 9 开启，分流阀芯 12 右移，流量经卸载阀去工作系统，由中位时油道回油起保护作用。负载消除后，压力降低，分流阀芯 12 恢复到正常位置，锥阀 9 又关闭。

左转向与右转向完全相似。

b. SXH25A 卸荷阀　结构见图 5-16。

（4）负荷传感转向系统

① 负荷传感转向系统典型油路简介　负荷传感转向系统的结构组成如图 5-17 所示。主要控制元件是带有负荷传感口 LS 的全液压转向器，通过 LS 口可以将负载压力信号馈送到压力补偿阀即优先阀。其特点是：

a. 采用流量放大技术，转向操纵力小，转向灵活轻便，不受转向阻力变化的影响。

b. 采用负载传感、压力补偿技术，转向流量及速度不随负载变化，系统刚度提高，适合恶劣工况下工作。同时，车辆转向的快慢与转向盘的转动快慢成正比，车辆的转向调节性能得到进一步改善。

c. 转向盘不转动时，转向油路的卸荷压力低，能耗小。

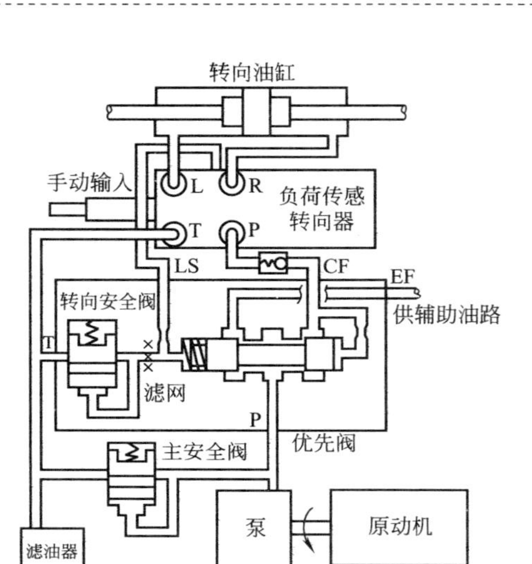

图 5-17　负荷传感转向器系统结构

系统具有明显的节能效果，并有效地改善了液压系统的热平衡状况，系统温升小，从而提高了密封件、软管及液压油的使用寿命。

根据系统采用的元件组成，负荷传感器转向系统有下列几种组合结构形式。

a. 由定量油泵供应的负荷传感转向系统　定量油泵供应的负荷传感转向系统以系统中油泵的数量分为“单”定量泵系统及“双”定量泵系统，分别如图 5-18、图 5-19 所示。负载压力信号通过 LS 口反馈给优先阀流量控制阀，在转向盘中位或者转向行程终止时，将转向泵的来油经 EF 油路供给其他系统，避免了采用单稳阀结构的全液压转向方式在此状态下的系统温升问题，起到了较好的节能作用。该类型系统组合比较简单，油泵及优先阀等基础元件国产化及技术都比较成熟，20

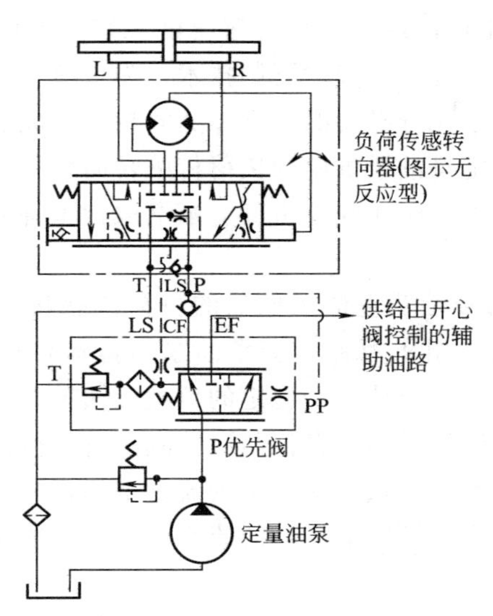

图 5-18 单定量油泵供应的负荷传感转向系统

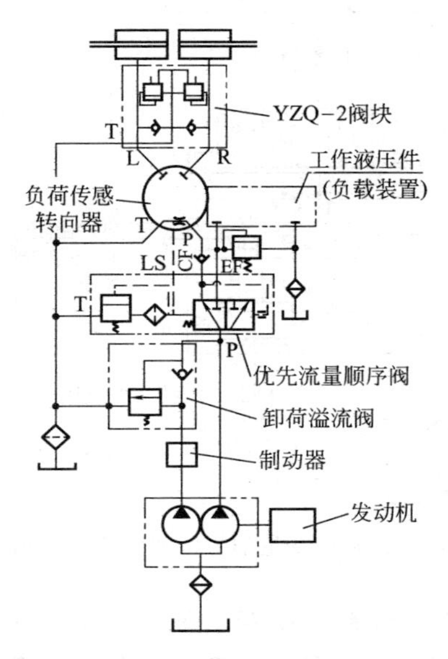

图 5-19 双定量油泵供应的负荷传感转向系统

世纪 80 年代中期国内对负荷传感全液压转向器的研制有了进一步的发展，掌握了关键的研制技术，为负荷传感转向系统的普及应用提供了充分必要的条件。随着技术的成熟和制造采购成本的下降，定量油泵供应的负荷传感转向系统在国内装载机的应用逐渐扩大，中大吨位机型上渐渐取代了普通全液压转向形式。

b. 由压力补偿变量油泵供油的负荷传感转向系统　如图 5-20 所示，当采用压力补偿变量油泵为负荷传感转向的系统提供动力时，系统维持一个稳定的负载反馈关系，不受负载影响，通往转向液压缸的流量仅与液控阀的过流截面有关。当转向盘转动加快时，计量马达排出的流量增加，从而迫使液控阀的开度增加，进入转向液压缸的流量增加，车辆转向速度相应加快。

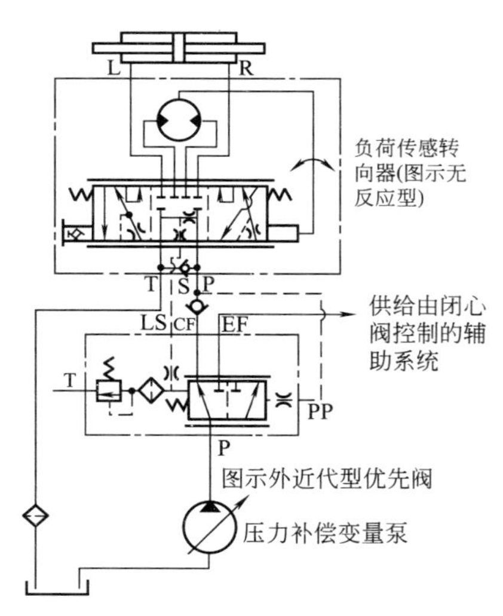

图 5-20　由压力补偿变量油泵供油的负荷传感转向系统

c. 流量压力联合补偿由变量油泵供应的负荷传感转向系统　如图 5-21 所示，流量压力联合补偿由变量油泵供应的负

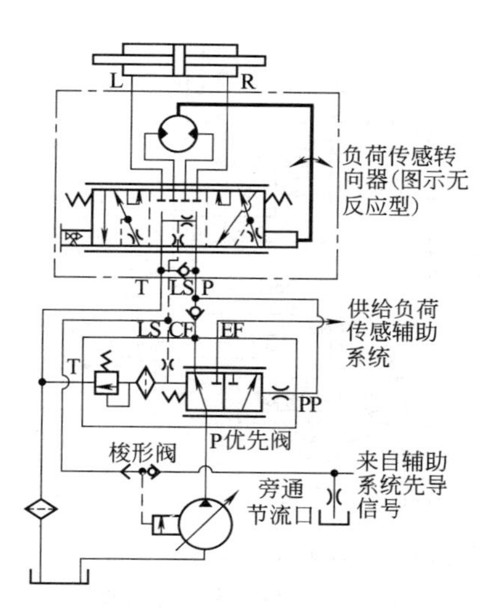

图 5-21 流量压力联合补偿由变量油泵供应的负荷传感转向系统

荷传感转向系统在功率利用方面得到了充分的体现。

② 结构 全液压负荷传感转向系统主要由转向齿轮油泵、优先阀、负荷传感液压转向器、转向机、转向油缸、管路等组成。

工作原理如图 5-22 所示，转向泵 1 输出的油，经优先阀 2 优先供给转向系统，剩余油液供给工作液压系统。

转向盘不转动时，优先阀的油经转向器 3 直接回油箱，由于转向器处于中位，油缸前腔与后腔压力相等，前后车架不作相对转动。

转向盘转动时，转向器的转子和定子组件构成摆线针轮啮合副，在动力转向时起计量作用，保证输向油缸的油量与转向盘的转角成正比，阀芯、阀套和阀体构成随动转阀，起控制油量方向的作用并随转向盘转速的变化向优先阀发出改变供油量的控制信号；阀套与转子间由联动轴连接，保持同步转动，油

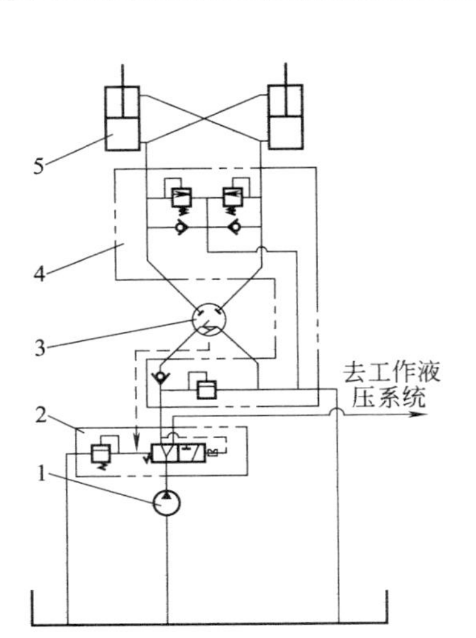

图 5-22　转向系统原理图

1—转向泵；2—优先阀；3—转向器；4—阀块；5—转向油缸

液从 P 口（见图 5-23）进入转向器，阀套不动，控制阀与阀套油路相通，油进入计量马达，迫使转子绕定子转动，阀套油

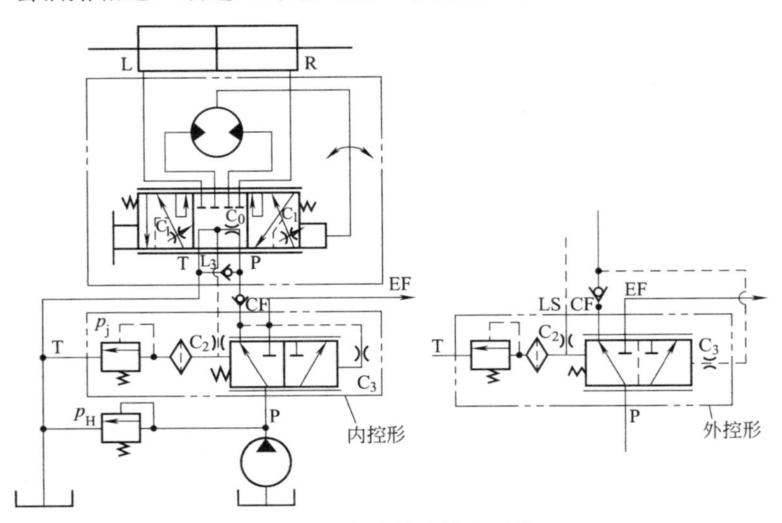

图 5-23　负荷传感转向系统

口与阀芯油口相通，油液进入转向油缸，推动活塞运动，实现转向。

负荷传感转向系统具有 BZZ1-00 全液压转向器的全部性能，同时是一种节能比较可观的全液压转向系统。在结构上，该转向器与 BZZ1-00 比较增加了一个接优先流量控制阀的 LS 油口，其他连接及接口尺寸均与 BZZ1-00 相同。“优先油量控制阀”是一种节能型分流阀，油液进入 P 口被分流到 CF 和 EF 两路，在转向盘中位时或转向缸行至终点时，油泵来油都流向 EF 回路，以供给其他执行元件使用。

该系统若能配合变量泵使用，将减少整个系统所需功率，明显降低能源消耗。若使用定量泵系统，也能基本解决目前用“单稳系统”温升高的问题，而且能改善动力转向性能。

③ 工作原理

a. 转向盘中位时 发动机熄火时，优先阀内的滑阀在控制弹簧力作用下压向右端，CF 处于全开状态。当发动机启动时，油泵来的油经优先阀的 P 口和 CF 口进入液压转向器的 P 口，但由于受到 P 口与 T 口之间的节流孔作用，使 CF 回路压力上升，因而优先阀控制回路压力也随之增加。于是，在优先阀两腔之间产生压差 Δp，当 Δp 大于弹簧力 p_c 时，优先阀的滑阀向左移动，EF 大部分全开，而 CF 仅稍微开一点，处于平衡状态。因此，转向盘在中位时，油泵采油主要都流入 EF，CF 的压力与 EF 回路压力无关，只由控制弹簧力 p_c 的大小来决定。

b. 转向操作状态 当操作转向盘使转向器的转阀芯与阀套产生角变位时，液压转向器内部通路换向，供给转向器的油经节流孔计量泵 L 或 R 进入油缸，在中位时进入液压转向器的流量只有 2L/min 左右，由中位到角变位的瞬间，Δp 减少优先阀的滑阀在弹簧力作用下向右移动，于是 CF 开度变大，进入液压转向器的流量比在中位时的流量要多。这时流量大，压力损失变大，控制弹簧力大于液体压力，使滑阀趋向到原位置，当经节流孔的压力油进入计量泵时，计量泵也和转向盘同向转向，减少角变位，这样就增大通流阻力，因而控制了 CF 的开度。

设液压转向器排量为 q(L/r)，转向速度为 n(r/min)，进入转向器的流量为 $Q_{CF}=q\times n\times 10^{-3}$(L/min)。设油泵进入优先阀的流量为 Q，在 CF 回路按分流比分配的流量 Q_{CF}/Q，和使优先阀移动时的流量 Q_{CF}/Q 相当时，则处于平衡状态，这一平衡力是由通过转向器节流孔产生的压力差而形成的，因此产生这个压力差就必须使转向器的控制转阀芯和阀套之间有一定的角变位关系。以上便是连续转向的情况下转向盘的回转速度连动进行从而控制整个液压转向系统。

c. 行程终点时转向操作状态　转向油缸行程到达终点时，CF 回路压力超过优先阀内安全阀的调定压力 p_j，安全阀溢流，通过优先阀内的固定节流孔的节流作用而产生压力差，由压力差推动滑阀向左移，于是 EF 全开，流入优先阀的油液大部分进入 EF 回路。

优先阀的“内控”或“外控”方式：由于优先阀 CF 口与转向器 P 口之间有单向阀，当转向流量小时，则可以认为无压力损失，当转向器流量增大时，其两者之间的管路损失增大（包括单向阀），LS 口控制压力减少，此时优先阀不能随转向器转速增加而继续增加 CF 口的开度，以致出现部分人力转向现象。

为消除管路阻力影响，采取以下方案：

• 有几种控制弹簧 400kPa、500kPa、700kPa、1000kPa 可供选用，弹簧压力等级高，则对管路阻力就不十分敏感，当选择高压力等级弹簧，转向盘中位时，在 CF 回路的压力经常保持在 1000kPa 增加了系统的温升。

• 采用外控形式的优先阀控制方法，可避免从 CF 油口到单向阀的压力损失对优先阀的影响。

（5）双泵合分流转向优先的卸荷系统

① 双泵合分流优先转向液压系统概述 双泵合分流优先转向液压系统如图 5-24 所示。

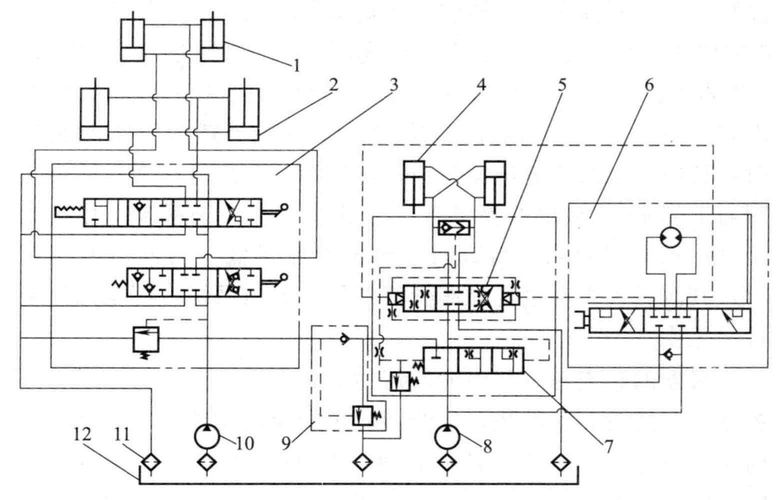

图 5-24 双泵合分流优先转向液压系统工作原理

1—转斗油缸；2—动臂油缸；3—分配阀；4—转向油缸；5—流量放大阀；6—转向器；7—优先阀；8—转向泵；9—卸荷阀；10—工作泵；11—滤清器；12—油箱

双泵合分流转向优先的卸荷系统简称双泵卸荷系统，采用全液压转向、流量放大、卸荷系统，由转向泵、转向器、流量放大阀（带优先阀和溢流阀）、卸荷阀、转向油缸等部件组成。

② 双泵卸荷系统的工作原理

a. 转向盘不转动时 转向泵 8 输出的液压油部分进入转向器 6，由于转向盘没有转动，故没有输出流量。转向泵 8 的输出流量全部经流量放大阀中的优先阀 7 和卸荷阀 9 中的单向阀与工作泵 10 输出的液压油合流，供给工作液压系统工作。

当工作液压系统也不工作时，两泵的合流流量经分配阀 3 回油箱 12。

b. 转向盘转动时　转向泵 8 输出的液压油部分通过转向器 6 进入流量放大阀先导油口，控制放大阀芯移动，打开转向油缸进油和回油通道。转向泵 8 输出的液压油除了供给转向器 6 使用外，其余流量全部进入优先阀 7，一路通过流量放大阀 5 进入油缸工作腔，使机器转向。油缸的回油腔回油经流量放大阀 5 接通油箱。当转向泵输出的流量多于转向所需的流量时，转向泵剩余部分的流量通过优先阀 7 和卸荷阀 9 中的单向阀与工作泵 10 输出的流量合流，供给工作液压系统工作，或经分配阀 3 回油箱。当转向泵输出的流量低于转向所需流量时，其流量不再通过优先阀分流到工作液压系统，而全部供给转向工作。

机器的转向速度与转向所需的流量有关，由转向盘的转速控制，转向盘转速越快，供给转向用的流量就越多，机器的转向速度就越快。反之，转向速度就越慢。在动力机最高转速时，转向泵输出流量最大，不可能全部流量为转向所利用，必有部分流量要分流到工作液压系统。

c. 当工作液压系统的工作压力达到或超过卸荷压力时
从转向泵输出的经优先阀进入卸荷阀的这部分流量不再与工作泵输出的流量合流，而是通过卸荷阀低压卸荷回油箱。当工作液压系统工作压力低于卸荷阀的闭合压力时，卸荷阀闭合，从转向泵输出的经优先阀输送过来的这部分流量又重新通过卸荷阀中的单向阀，与工作泵输出的流量合流，进入工作液压系统。

第6章 装载机的制动系统

6.1 制动系统的几种型式

轮式装载机的制动系统主要分为两部分：一是行车制动，二是停车制动。行车制动用于经常性的一般行驶中速度控制及停车，也叫脚制动，起到降速或停车作用。而停车制动主要用于停车后的制动，或者在行驶制动失效时的应急制动，以及在坡道上较长时间停车。

轮式装载机的停车制动器一般有三种结构：带式、蹄式和钳盘式。停车制动器的驱动方式也由软轴机械操纵逐渐发展成气动机械操纵和液压操纵。由于带式结构制动器外形尺寸大，不易密封，沾水、沾泥以至制动效率显著下降，因此被蹄式结构逐步取代。大型轮式装载机上普遍采用液压操纵的钳盘式结构。现在，随着全液压制动系统的推广应用，钳盘式结构的停车制动器使用呈上升趋势。

目前装载机的行车制动器，采用封闭结构的多片湿式制动器。其行车制动的驱动机构都是加力的，采用空气制动、液压制动、气顶油综合制动等不同的结构方案。由于气顶油综合制动能获得较大的制动力，而且制造技术成熟，成本相对低廉，所以国内生产的轮式装载机都普遍采用这种结构。

国内生产的轮式装载机采用的制动系统有三种典型形式：

① 以柳工 ZL50C、成工 ZL50B 为代表，行车制动采用单

管路、气顶油四轮钳盘式制动；停车制动采用气动机械操纵的蹄式制动器，并具备紧急制动功能。

② 以常林 ZLM50B、山工 ZL50D 为代表，行车制动采用双管路、气顶油四轮钳盘式制动；停车制动采用软轴机械操纵的蹄式制动器，不具备紧急制动功能。

③ 以厦工、龙工、临工的 ZL50 为代表，行车制动采用单管路、气顶油四轮钳盘式制动；停车制动采用软轴机械操纵的蹄式制动器，不具备紧急制动功能。

6.2 几种常见的制动系统

国产 ZL50 型轮式装载机，其行车制动普遍采用气顶油四轮钳盘式制动，停车制动一般采用蹄式制动器，其制动的位置在变速箱的输出轴前端。停车制动的驱动方式既有手拉软轴控制的，也有气动控制的。气动控制的一般都具有紧急制动功能。当制动气压低于安全气压时，该系统能自动使装载机紧急停车。

轮式装载机的制动系统常包括：空气压缩机、压力控制与油水分离装置、空气罐、气制动阀、气顶油加力器、钳盘式制动器、蹄式制动器等。如果具备紧急制动功能，系统中通常还包括：紧急和停车制动控制阀、制动气室和快放阀。在制动系统的气路中，往往还有控制其他附件，如雨刮、气喇叭等气路。

国产 ZL50 型轮式装载机多数采用单制动踏板结构，少量采用双制动踏板结构。双制动踏板结构的机器，一般是踩下左制动踏板制动时变速箱自动挂空挡，踩下右制动踏板制动时变速箱挡位不变。

图 6-1～图 6-5 是几款国内生产比较有代表性的 ZL50 型轮式装载机制动系统的结构示意图。

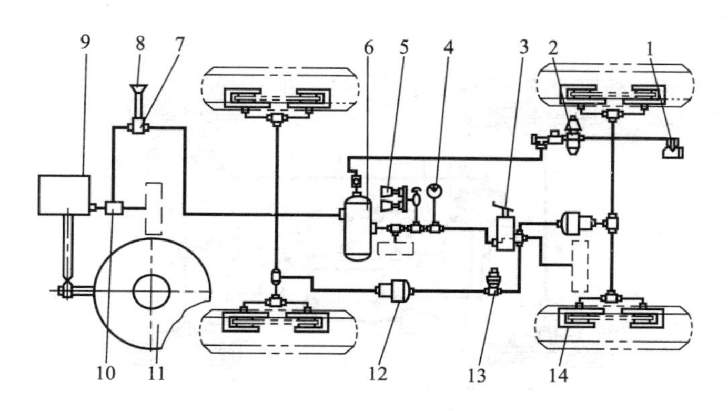

图 6-1　柳工 ZL50C 带紧急制动的制动系统

1—空气压缩机；2—组合阀；3—单管路气制动阀；4—气压表；5—气喇叭；6—空气罐；7—紧急和停车制动控制阀；8—顶杆；9—制动气室；10—快放阀；11—蹄式制动器（停车制动）；12—加力器；13—制动灯开关；14—钳盘式制动器（行车制动）

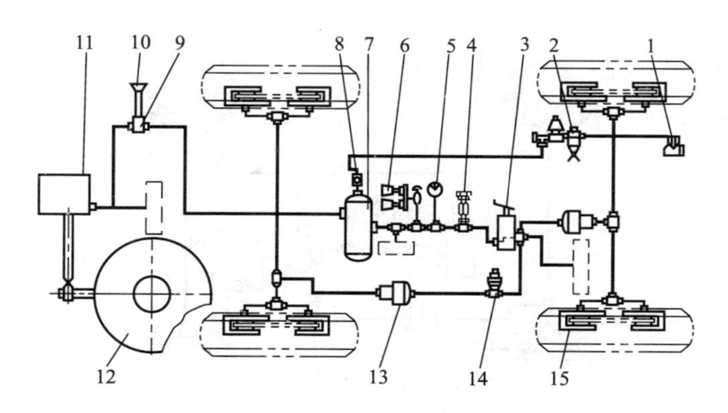

图 6-2　成工 ZL50B 带紧急制动的制动系统

1—空气压缩机；2—组合阀；3—单管路气制动阀；4—刮水阀接头；5—气压表；6—气喇叭；7—空气罐；8—单向阀；9—紧急和停车制动控制阀；10—顶杆；11—制动气室；12—蹄式制动器（停车制动）；13—加力器；14—制动灯开关；15—钳盘式制动器（行车制动）

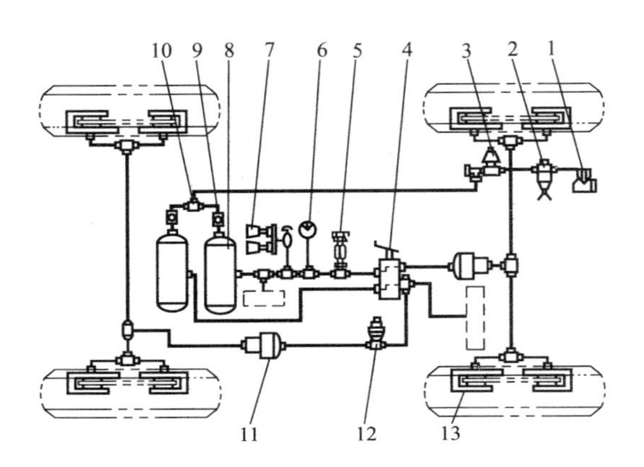

图 6-3　常林 ZLM50B、山工 ZL50D 的制动系统

1—空气压缩机；2—油水分离器；3—压力控制器；4—双管路气制动阀；5—刮水阀接头；6—气压表；7—气喇叭；8—空气罐；9—单向阀；10—三通接头；11—加力器；12—制动灯开关；13—钳盘式制动器

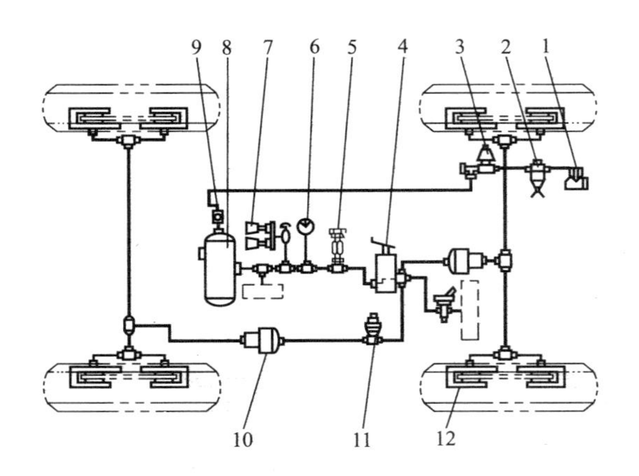

图 6-4　厦工、龙工、临工 ZL50 的制动系统

1—空气压缩机；2—油水分离器；3—压力控制器；4—单管路气制动阀；5—刮水阀接头；6—气压表；7—气喇叭；8—空气罐；9—单向阀；10—加力器；11—制动灯开关；12—钳盘式制动器

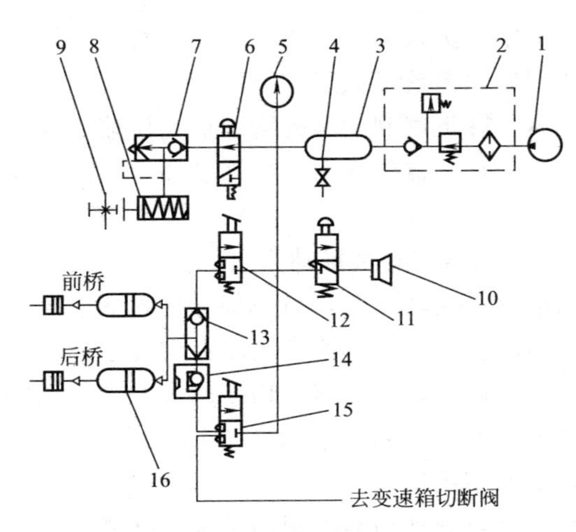

图 6-5 双制动踏板机构系统原理图

1—空气压缩机；2—组合阀；3—空气罐；4—放水开关；5—气压表；6—紧急和停车制动控制阀；7—快放阀；8—制动气室；9—蹄式制动器（停车制动）；10—气喇叭；11—气喇叭开关；12,15—气制动阀；13—梭阀；14—单向节流阀；16—加力器

6.3 制动系统的工作原理及主要部件

（1）ZL50 型轮式装载机制动系统的工作原理

国内各企业生产的 ZL50 型轮式装载机的制动系统，虽然在结构上略有差异，但其工作原理是一致的。

空气压缩机由发动机带动输出压缩空气，经压力控制阀（组合阀或压力控制器）进入空气罐。当空气罐内的压缩空气压力达到制动系统最高工作压力时（一般为 0.78MPa 左右），压力控制阀就关闭通向空气罐的出口，打开卸荷口，将空气压缩机输出的压缩空气直接排向大气。当空气罐内的压缩空气压力低于制动系统最低工作压力时（一般为 0.71MPa 左右），压力控制阀就打开通向空气罐的出口，关闭卸荷口，使空气压缩机输出的压缩空气进入空气罐进行补充，直到空气罐内的压缩空气压力达到制动系统最高工作压力为止。

在制动时，踩下气制动阀的脚踏板，压缩空气通过气制动阀，一部分进入加力器的加力缸，推动加力缸活塞及加力器总泵，将气压转换为液压，输出高压制动液（压力一般为12MPa左右），高压制动液推动钳盘式制动器的活塞，将摩擦片压紧在制动盘上制动车轮；另一部分进入变速操纵阀的切断阀的大腔，切断换挡油路，使变速箱自动挂空挡。放松脚制动板，在弹簧力作用下，加力器、切断阀大腔内的压缩空气从气制动阀处排出到大气，制动液的压力释放并回到加力器总泵，解除制动，变速箱挡位恢复。

对于具有紧急制动功能的制动系统，其紧急制动的工作原理是：当装载机正常行驶时，紧急和停车制动控制阀是常开的，来自空气罐的压缩空气经过紧急和停车制动控制阀、快放阀，一部分进入制动气室，推动制动气室内的活塞、压缩弹簧，存储能量；另一部分进入变速操纵阀的切断阀的小腔，接通换挡油路。当需要停车或紧急制动时，操纵紧急和停车制动控制阀切断压缩空气，制动气室、切断阀小腔内的压缩空气经过快放阀排入大气，切断换挡油路，变速箱自动挂空挡，同时制动气室内弹簧释放，推动制动气室内的活塞并驱动蹄式制动，实施停车或紧急制动。当制动系统气压低于安全气压（一般为0.3MPa左右）时，紧急和停车制动控制阀能自动动作，实施紧急制动。

(2) ZL50型轮式装载机制动系统的主要元件

ZL50型轮式装载机制动系统的主要元件是：空气压缩机、压力控制与油水分离装置、单向阀、气制动阀、气顶油加力器、钳盘式制动器、紧急和停车制动控制阀、制动气室、快放阀、蹄式制动器。

① 空气压缩机　空气压缩机结构如图6-6所示，是柴油

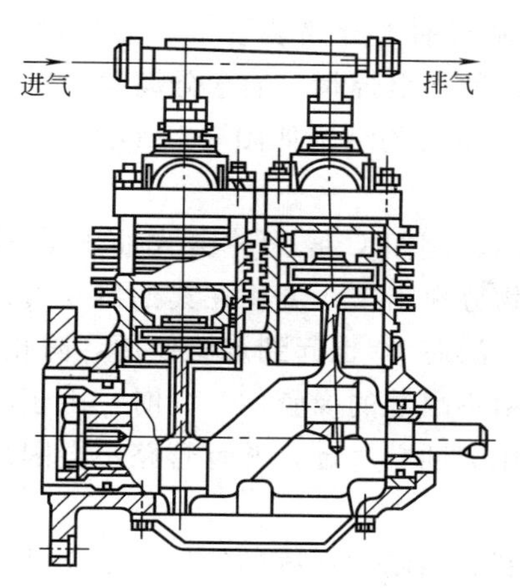

图 6-6　空气压缩机

机的附件。它是活塞式的（视柴油机不同，分单缸和双缸），空气或发动机用冷却水冷却，其吸气管与发动机进气管相连通。其润滑油由发动机供给，从发动机引入、油量孔限定的机油进入空气压缩机油底壳，并保持一定高度的油面，以飞溅方式润滑各运动零件，多余部分经油管流回发动机。采用发动机冷却水冷却的空气压缩机，其冷却水道与发动机的相通。

发动机带动空气压缩机曲轴旋转，通过连杆使活塞在气缸内上下往复运动。活塞向下运动时气缸内产生真空，打开吸气阀，吸入空气。活塞向上运动时，吸气阀关闭，压缩气缸内空气，并将吸入压缩空气自排气阀输出。

在不使用压缩空气的情况下，发动机带动空气压缩机连续工作几十分钟，制动系统气压稳定，说明空气压缩机工作正常。若气压急骤变化或经常波动，则应该检查空气压缩机的排气阀门，进行研磨，保持其密封性。

空气压缩机在工作时不应有大量机油渗入压缩空气内，如果在工作 24h 后，在油水分离装置和空气罐中聚焦的机油超过 10～16cm^3 时，则应检查空气压缩机的窜油原因。

② 压力控制与油水分离装置　压力控制与油水分离装置比较常见的有两种：组合阀、油水分离器＋压力控制器。

a. 组合阀。组合阀结构如图 6-7 所示。组合阀用途及工作原理如下。

• 油水分离。阀门 C 腔为冲击式油水分离器，使压缩空气中的油水污物分离出来，堆积在集油器 6 内，在组合阀排气时排入大气中。滤芯 10 也起到过滤作用，防止油污污染管路，腐蚀制动系统中不耐油的橡胶件。同时，由于压缩空气中的水分被排出，避免磨蚀空气罐，并且管路不会因冰冻而影响冬季行车安全。

• 压力控制。当制动系统的气压小于制动系统最低工作压力（出厂时调定为 0.71MPa 左右）时，从空气压缩机来的压缩空气进入 C 腔，打开单向阀 4 后分为两路：一路进入空气罐；另一路经小孔 E 进入 A 腔，A 腔有小孔与 D 腔间相通，这时控制活塞总成 2 及放气活塞 5 不动。气体走向如图 6-7（a）所示。

当制动系统的气压达到制动系统最低工作压力时，压缩空气将控制活塞总成 2 顶起，此时阀杆 3 浮动。当气压继续升高大于制动系统最高工作压力（出厂时调定为 0.78MPa 左右）时，D 腔内气体将阀门 7 的阀杆 3 顶起，控制活塞总成 2 继续上移，膜片压板 8 在弹簧作用下将控制活塞总成 2 中间的细长小孔的上端封住，同时压缩空气进入 B 腔，克服阻力推动放气活塞 5 下移，打开下部放气阀门，将从空气压缩机来的压缩空气直接排入大气。气体走向如图 6-7（b）所示。

当制动系统的气压回落到制动系统最低工作压力（出厂时调定为 0.71MPa 左右）时，控制活塞总成 2 在弹簧力作用下回位，阀杆 3 推动阀门 7 下移，封住 B、D 腔相通的小孔，控制活塞总成 2 中间的细长孔上端打开，B 腔内残留气体通过控制活塞总成 2 中间的细长小孔进入大气，放气活塞 5 在弹簧力

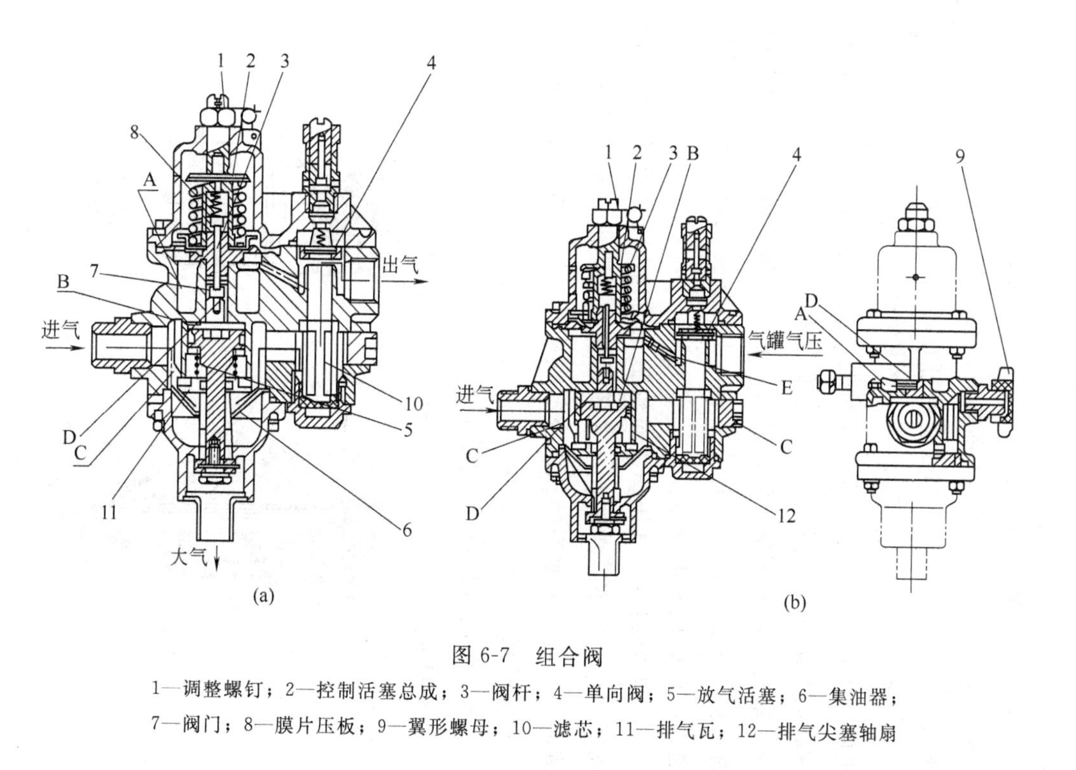

图 6-7　组合阀

1—调整螺钉；2—控制活塞总成；3—阀杆；4—单向阀；5—放气活塞；6—集油器；7—阀门；8—膜片压板；9—翼形螺母；10—滤芯；11—排气瓦；12—排气尖塞轴扇

作用下回位，下部放气阀门随之关闭，空气压缩机再次对空气罐充气。

组合阀中集成一个安全阀。当控制活塞总成 2、放气活塞 5 等出现故障，放气阀门不能打开，导致制动系统气压上升达到 0.9MPa 时，右侧上部安全阀打开卸压，以保护系统。

• 单向阀。组合阀中有一个胶质的单向阀 4，当空气压缩机停止工作时，此单向阀能及时阻止气罐内高压空气回流，并使制动系统气压在停机一昼夜后仍能保持在起步压力以上，减少了第二天开机准备时间。同时，在空气压缩机瞬间出现故障时，由于有此阀的单向逆止作用，不致使空气罐内的气压突然消失而造成意外事故。

当需要利用空气压缩机对轮胎充气时，可将组合阀侧面的翼形螺母 9 取下，单向阀 4 关闭，使空气罐内的压缩空气不致倒流，而分离油水后的压缩空气则从充气口，通过接装在此口上的轮胎充气管充入轮胎。

b. 油水分离器＋压力控制器

• 油水分离器。油水分离器结构如图 6-8 所示。油水分离

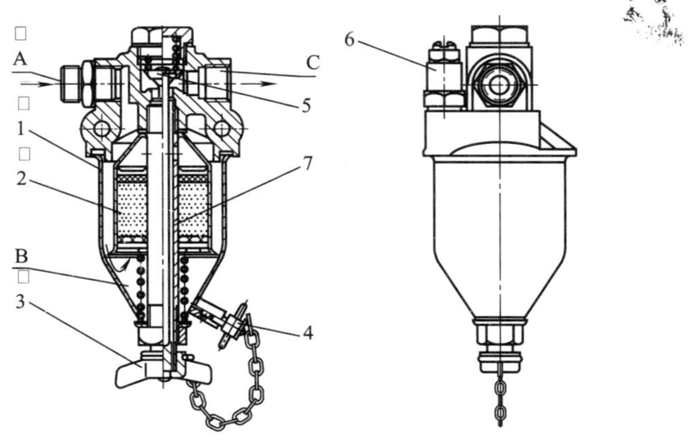

图 6-8　油水分离器

1—罩；2—滤芯；3—翼形螺母；4—放油螺塞；5—进气阀；6—安全阀；7—中央管

器用来将压缩空气中所含的水分和润滑油分离出来，以免腐蚀空气罐以及制动系统中不耐油的橡胶件。来自空气压缩机的压缩空气自进气口 A 进入，通过滤芯 2 后，从中央管 7 壁上的孔进入中央管内。进气阀 5 的阀杆被翼形螺母 3 向上顶起，使阀处于开启位置，除去油、水后的压缩空气便自出气口 C 流到压力控制器，再进入空气罐。为防止因滤芯堵塞或压力控制器失效而使油水分离器中气压过高，在盖上装有安全阀 6。旋出下部的放油螺塞 4，即可将凝集的水和润滑油放出。

油水分离器盖上安全阀 6 的开启压力设定为 0.9MPa。

当需要利用空气压缩机对轮胎充气时，可将翼形螺母 3 取下，这时进气阀 5 在其上面的弹簧力作用下关闭，使空气罐内的压缩空气不致倒流，而分离油水后的压缩空气则从中央管 7 的下口通过接装在此口上的轮胎充气管充入轮胎。

• 压力控制器。压力控制器结构如图 6-9 所示。来自空气压缩机的压缩空气经油水分离器从 A 口进入压力控制器，然后经止回阀 7 自 B 口流出，再经单向阀进入空气罐，这时止

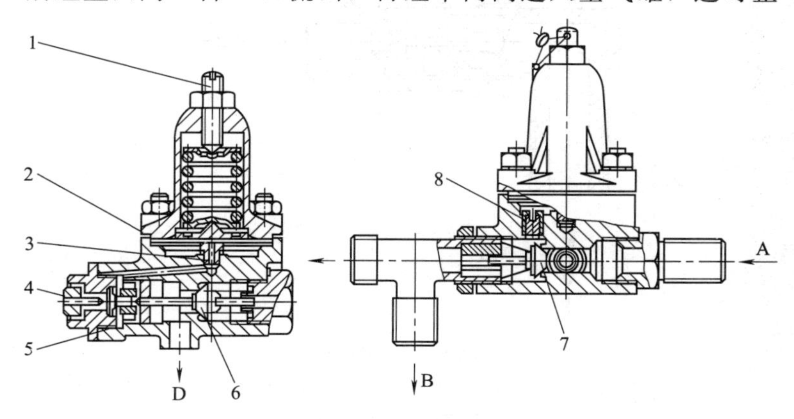

图 6-9　压力控制器

1—调整螺钉；2—阀门鼓膜；3—阀门座；4—放气管；5—皮碗；6,7—止回阀；8—滤芯

回阀 6 在压缩空气作用下关闭，把 A 口和通大气的 D 口隔开。与此同时，压缩空气还通过滤芯 8 进入阀门鼓膜 2 下的气室，因此，该气室中的气压和空气罐中气压相等。当气压达到 0.68～0.7MPa 时，鼓膜 2 受压缩空气的作用克服鼓膜上弹簧的预紧力向上拱起，使压缩空气得以通过阀门座 3 上的孔，经阀体上的气道进入皮碗 5 左边的气室，一面沿放气管 4 排气，另一面推动皮碗 5 右移，推开止回阀 6，使 A 口和 D 口相通，来自空气压缩机的压缩空气直接在空气的压力及阀上弹簧的作用下处于关闭状态。

③ 单向阀　单向阀结构如图 6-10 所示。压缩空气从上口进入，克服弹簧 6 的预紧力，推开阀门 7，由下口流入空气罐。在空气压缩机失效或压力控制器向大气排气时，由于弹簧 6 的预紧力和阀门 7 左右腔的压力差，使阀门 7 压在阀座上，切断了空气倒流的气路，使空气罐中的压缩空气不能倒流。

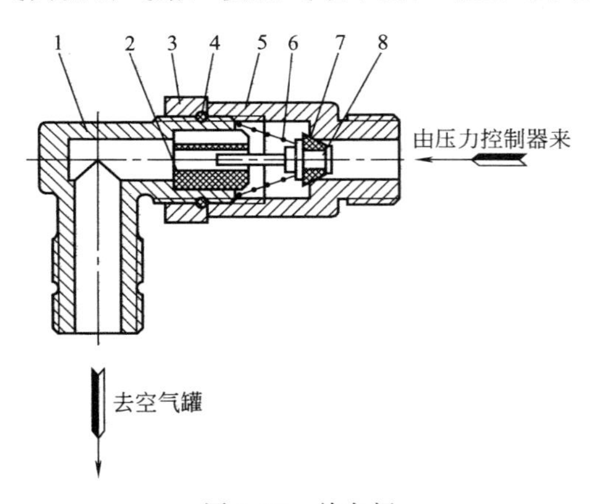

图 6-10　单向阀

1—直角接头；2—阀门导套；3—垫圈；4—密封圈；5—阀体；6—阀门弹簧；7—阀门；8—阀门杆

④ 气制动阀　比较常用的气制动阀有两种：单管路气制动阀、双管路气制动阀。

a. 单管路气制动阀。单管路气制动阀结构如图 6-11 所示。当制动踏板放松时，活塞 3 在回位弹簧 4 作用下被推至最高位置，活塞下端面与进气阀门 7 之间有 2mm 左右的间隙，出气口（与 A 腔相通）经进气阀门中心孔与大气相通，而进气阀门 7 在进气阀弹簧的作用下关闭，处于非制动状态，如图 6-11 的左图所示。

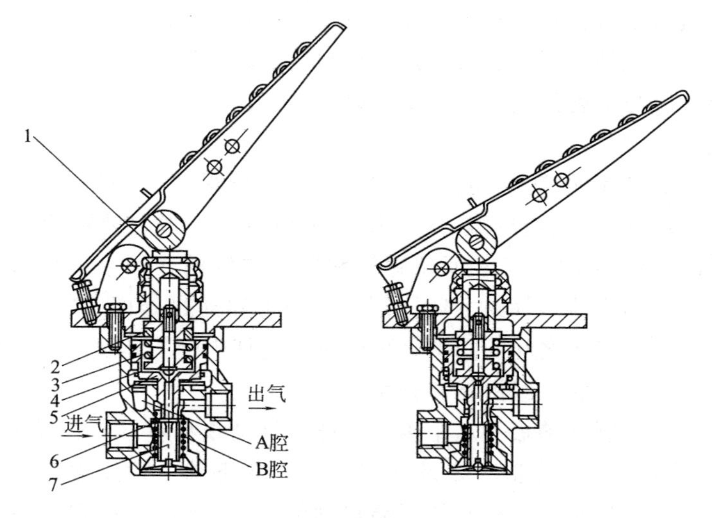

图 6-11　单管路气制动阀

1—顶杆；2—平衡弹簧；3—活塞；4—回位弹簧；5—螺杆；6—密封片；7—进气阀门

踩下制动踏板时，通过顶杆 1 对平衡弹簧 2 施加一定的压力，从而推动活塞 3 向下移动，关闭了出气口与大气间的通道，并顶开进气阀门 7，压缩空气经进气口入 B 腔、A 腔，从出气口输入加力器，产生制动。

在制动状态下，出气口输出的气压与踏板作用力成比例的平衡是通过平衡弹簧 2 来实现的，当踏板作用力一定时，顶杆施加于平衡弹簧的压力也为某一定值，进气阀门打开后，当活塞3下腔气压作用于活塞的力超过了平衡弹簧的张力时，则平衡弹簧被压缩，活塞上移，直至进气阀门关闭。此时气压作用于活塞上的力与踏板施加于平衡弹簧的压力处于平衡状态，出气口输出的气压为某一不变的气压，当踏板施加于平衡弹簧的压力增加时，活塞又开始下移，重新打开进气阀门，当活塞下腔的气压增至某一数值，作用于活塞上的力与踏板施加于平衡弹簧的压力相平衡时，进气阀门又复关闭，而出气口输出的气压又保持某一不变而又比原先高的气压。也就是说，出气口输出气压与平衡弹簧的压缩变形成比例，也与制动踏板的行程成比例。

b. 双管路气制动阀。双管路气制动阀结构如图6-12所示。A、B口接空气罐，C、D口接加力器。当制动踏板1放松时，阀门12、17在回位弹簧和压缩空气的作用下，将从空气罐到加力器的气路关闭。同时，加力器通过阀门12、17和活塞杆9、16之间的间隙，再经过活塞杆中间的孔及安装平衡弹簧6的空腔，经由F口通大气。

踩下制动踏板一定距离，顶杆2推动顶杆座5、平衡弹簧6、大活塞7、弹簧座8及活塞杆9一起下移一段距离。在这过程中，先是活塞杆9的下端与阀门12接触，使C口通大气的气路关闭。同时，鼓膜夹板11通过顶杆14使活塞杆16下移到其下端与阀门17接触，使D口通大气的气路也关闭。然后，活塞杆9和16再下移，将阀门12及17推离阀座，接通A口到C口、B口到D口的通道，于是空气罐中的压缩空气进入加力器，同时也进入上、下鼓膜下面的平衡气室。加力器和平衡气室中的气压都随充气量的增加而逐步升高。

当上平衡气室中的气压升高到它对上鼓膜的作用力加上阀门回位弹簧及鼓膜回位弹簧的力的总和，超过平衡弹簧6的预紧力时，平衡弹簧6便在上端被顶杆座5压住不动的情况下进一步被压缩，鼓膜10带动活塞杆9上移，而阀门12在其回位

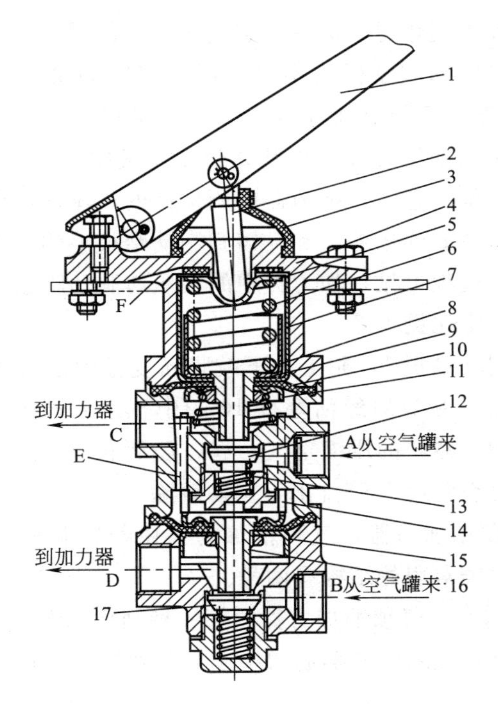

图 6-12 双管路气制动阀

1—制动踏板；2,14—顶杆；3—防尘套；4—阀支架；5—顶杆座；6—平衡弹簧；7—大活塞；8—弹簧座；9,16—活塞杆；10—鼓膜；11—鼓膜夹板；12,17—阀门；13—阀门回位弹簧；15—小活塞

弹簧 13 的作用下紧贴活塞杆下端随之上升，直到阀门 12 和阀座接触，关闭 A 口到 C 口的气路为止，这时 C 口既不和空气罐相通，也不和大气相通而保持一定气压，上鼓膜处于平衡位置。同理，当下平衡气室的气压升高到它对下鼓膜的作用力加上阀门回位弹簧及鼓膜回位弹簧的力的总和，大于上平衡气室中的气压对鼓膜的作用力时，下鼓膜带动活塞杆 16 上移，而阀门 17 紧贴活塞杆下端也随之上升，直到阀门 17 和阀座接触，关闭 B 口到 D 口的气路为止，这时 D 口既不和空气罐相

通，也不和大气相通，保持一定气压，下鼓膜处于平衡位置。

若司机感到制动强度不足，可以将制动踏板再踩下去一些，阀门 12、17 便重新开启，使加力器和上、下平衡气室进一步充气，直到压力进一步升高到鼓膜又回到平衡位置为止。在此新的平衡状态下，加力器中所保持的气压比以前更高，同时，平衡弹簧 6 的压缩量和反馈到制动踏板上的力也比以前更大。由以上过程可见，加力器中的气压与制动踏板行程（即踏板力）成一定比例关系。

松开制动踏板 1，则上、下鼓膜回复至图示位置，加力器中的压缩空气由 D 口经活塞杆 16 的中孔进入通道 E，与从 C 口进来的加力器中的压缩空气一起，经活塞杆 9 的中孔和安装平衡弹簧的空腔由 F 腔排出，制动解除。

⑤ 气顶油加力器　气顶油加力器由气缸和液压总泵两部分组成，比较常用的结构有两种。

a. 结构Ⅰ。气顶油加力器的第一种结构如图 6-13 所示。

制动时，压缩空气推动活塞 2 克服弹簧 5 的预紧力，通过

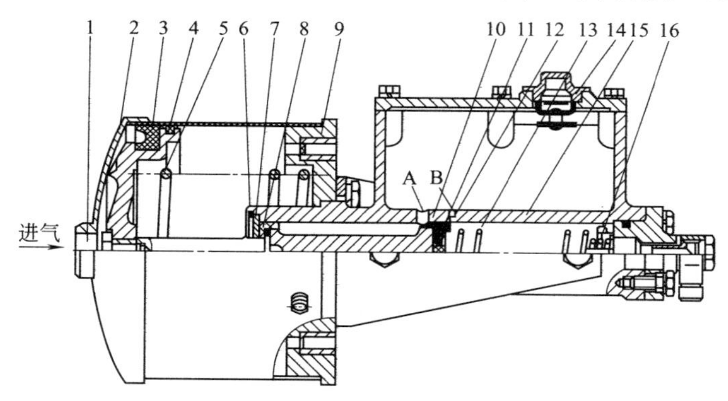

图 6-13　加力器（结构Ⅰ）

1—进气口；2,10—活塞；3—Y 形密封圈；4—毛毡密封圈；5,13—弹簧；6—锁环；7—止推垫圈；8—皮圈；9—端盖；11—皮碗；12—弹簧座；14—加油塞；15—油缸；16—回油阀；A—回油孔；B—补偿孔

推杆使液压总泵的活塞 10 右移，总泵缸体内的制动液产生高压，推开回油阀 16 的小阀门，通过油管进入钳盘式制动器的油缸。当气压为 0.71～0.784MPa 时，出口的液压为 12MPa 左右。

松开制动踏板，压缩空气从进气口 1 返回，活塞 2 和 10 在弹簧 5 的作用下左移，钳盘式制动器内的制动液经油管返回，推开回油阀 16 流回总泵内。由于弹簧 13 的作用，使制动液回流结束。回油阀 16 关闭时，由总泵至钳盘式制动器的制动管路中保持一定压力，以防止空气从接头或制动器的密封圈等处侵入制动管路。

当迅速松开制动踏板时，总泵活塞 10 在弹簧 5 的作用下迅速左移，但制动液由于黏性未能及时填充总泵活塞退出的空间，使总泵缸内形成真空。这时在大气压力作用下，储油室内的制动液经回油孔 A 穿过活塞 10 头部的 6 个孔，由皮碗周围进入总泵缸内进行填补，避免在活塞回位过程中将空气吸入总泵。活塞 10 完全回位后，补偿孔 B 已打开，由制动管路中继续流回总泵的制动液则经补偿孔 B 进入储油室。当制动管路因密封不良而泄漏一些制动液，或因温度变化而引起总泵、钳盘式制动器和制动管路中制动液膨胀和收缩时，都可以通过回油孔 A 和补偿孔 B 得到补偿。

b. 结构Ⅱ。气顶油加力器的第二种结构如图 6-14 所示。

在非制动状态时，储液罐力加力器的 A、C 腔是相通的。制动液通过小孔 B，由 A 腔流入 C 腔。

制动时，压缩空气推动气缸活塞 1 克服弹簧 2 的阻力，通过活塞杆 3 推动液压总泵活塞 6 右移。与此同时，密封垫 5 封闭小孔 B，分隔加力器的 A、C 腔，C 腔内的制动液产生高压，从而推动钳盘式制动器的油缸实施制动。

松开制动踏板，压缩空气从进气口返回气制动阀，排入大气。气缸活塞 1 和液压总泵活塞 6 在弹簧 2 作用下复位，小孔

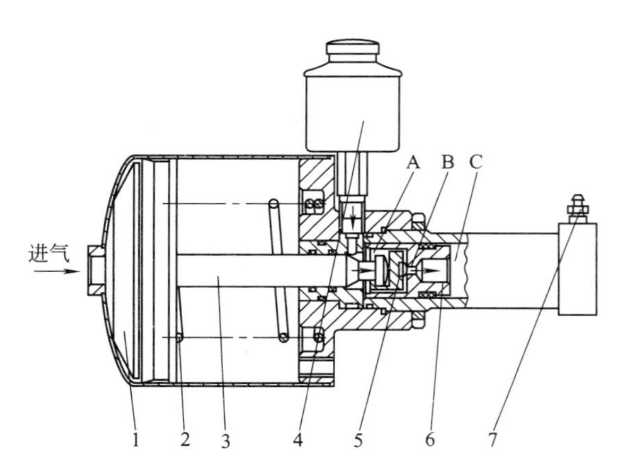

图 6-14　加力器（结构Ⅱ）

1—气缸活塞；2—弹簧；3—活塞杆；4—储液罐；
5—密封垫；6—液压总泵活塞；7—排气嘴

B 打开，加力器的 A、C 腔相通，钳盘式制动器油缸内的制动液流回总泵内。若制动液过多，可以经 A 腔流回储液罐内。如果制动踏板松开过快，制动液滞后未能及时随活塞返回，总泵 C 腔内形成真空。在大气压力下，储液罐内的制动液经过小孔 B 补充到总泵内，再次踩下制动踏板时，制动效果就可增大。

⑥ 钳盘式制动器　钳盘式制动器结构如图 6-15 所示。

该钳盘式制动器为双缸对置固定式夹钳。制动盘 7 固定在轮毂上，随车轮一起旋转，夹钳 1 固定在桥壳上。制动时，加力器输出的高压制动液进入夹钳，经夹钳内油道及油管 10 进入每个活塞缸内，推动活塞 5 使摩擦片 4 压向制动盘 7，产生制动力矩。解除制动后，压力消除，活塞 5 靠矩形密封圈 2 因变形产生的弹力作用以及制动盘旋转自动复位，制动力矩解除。摩擦片磨损后与制动盘的间隙增大，活塞的移动大于矩形密封圈 2 的变形，活塞 5 和矩形密封圈 2 之间产生相对移动，

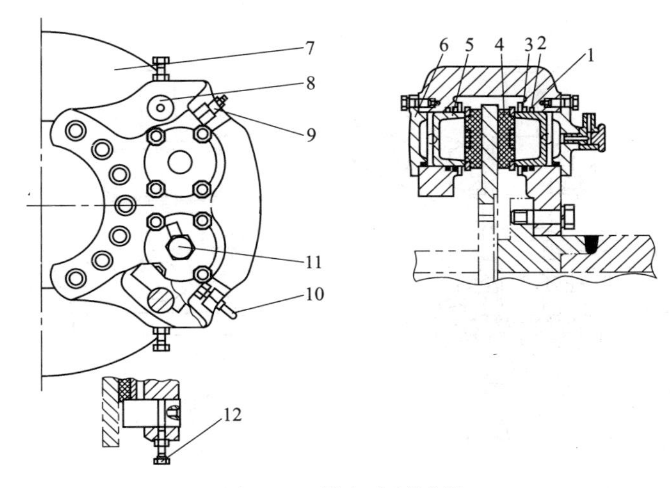

图 6-15 钳盘式制动器

1—夹钳；2—矩形密封圈；3—防尘圈；4—摩擦片；5—活塞；6—止油缸盖；7—制动盘；8—销轴；9—放气嘴；10—油管；11—管接头；12—止推螺钉

从而补偿摩擦片的磨损。为防止灰尘、泥水沾污活塞 5，在缸体与活塞间安装防尘圈 3。

⑦ 紧急和停车制动控制阀 紧急和停车制动控制阀结构如图 6-16 所示。

按下阀杆，阀杆下部的阀门总成 7 下移顶在底盖上，排气口封闭，进气口与出气口接通［气体走向如图（a）所示］，压缩空气通过紧急和停车制动控制阀进入制动气室，解除停车制动；拉起阀杆，阀门总成 7 上移，进气口封闭，出气口与排气口连通，将制动气室内的压缩空气排出［气体走向如图（b）所示］，驱动制动器实施停车制动。

在启动机器以后，如果制动系统气压低于 0.4MPa，紧急和停车制动控制阀的阀杆按下去又会自动弹起，是因为此时的气压克服不了弹簧 6 的初始阻力，这样的设置是为了保证机器起步时制动系统具备一定的制动能力。机器正常行驶过程中，

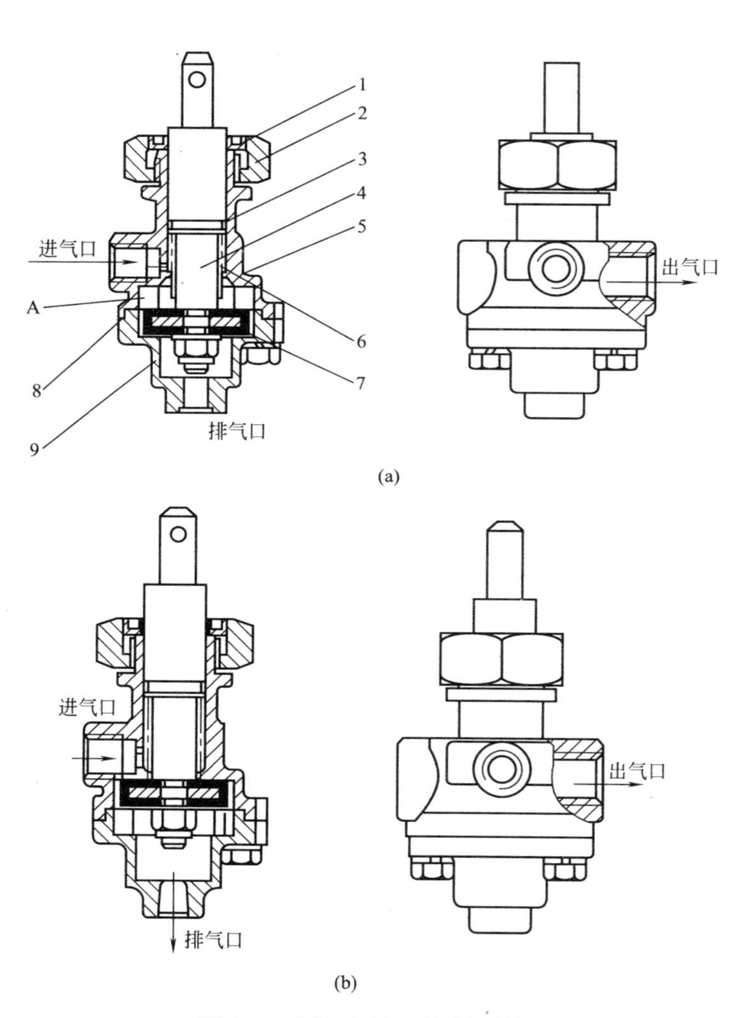

图 6-16 紧急和停车制动控制阀

1—防尘圈；2—固定螺母；3—O形密封圈；4—阀杆；5—阀体；6—弹簧；7—阀门总成；8—密封圈；9—底盖

如果制动系统出现故障，制动系统气压低于0.3MPa时，由于气压过低，克服不了弹簧6的张力，阀杆4及阀门总成7自动上移，切断进气，打开排气口，自动实施紧急制动，由此实现停车制动的手动及自动控制功能。

⑧ 制动气室　制动气室结构如图6-17所示。

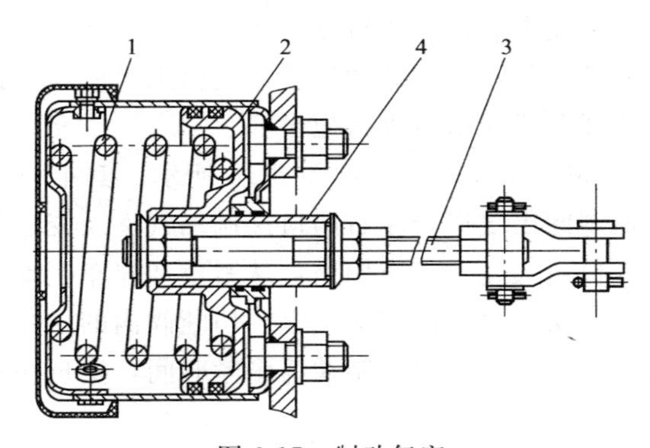

图6-17　制动气室

1—弹簧；2—活塞；3—双头螺柱；4—活塞体

紧急或停车制动时，制动器的松脱和接合是通过制动气室进行的。制动气室固定在车架上，制动气室的杆端与蹄式制动器的凸轮拉杆连接。

在处于停车制动状态时，制动气室的右腔无压缩空气，由于弹簧1的作用力，将活塞体4推到右端，使蹄式制动器接合。

当制动系统气压高于0.4MPa并且按下紧急和停车制动控制阀的阀杆时，压缩空气通过紧急和停车制动控制阀、快放阀，进入制动气室的右腔，压缩弹簧1推动活塞2左移，双头螺柱3带动蹄式制动器的凸轮拉杆运动，使制动器松开，解除停车制动。

在停车后拉起紧急和停车制动控制阀阀杆，或是在机器正常行驶过程中，如果制动系统出现故障，制动系统气压低于

0.3MPa时，紧急和停车制动控制阀阀杆自动上移，打开排气口，并切断制动气室的进气。制动气室右腔的压缩空气通过紧急和停车制动控制阀、快放阀排入大气，弹簧1复位，将活塞2推向制动气室的右端，双头螺柱3也同时右移，推动蹄式制动器的凸轮拉杆，使制动器接合，实施制动。

如果机器发生故障无法行驶需要拖车时，而此时停车制动器又不能正常脱开，应把制动气室的连接叉上的销轴拆下，使停车制动器强制松脱后再进行拖车。

⑨ 快放阀　快放阀结构如图6-18所示。其上口接紧急和停车制动控制阀出气口，左右两口接制动气室及变速操纵阀的切断阀，下口通大气。其作用是：从紧急和停车制动控制阀来的压缩空气被切断时，使制动气室、切断阀内的压缩空气迅速排出，缩短变速箱挂空挡、制动蹄张紧时间，实现快速制动。

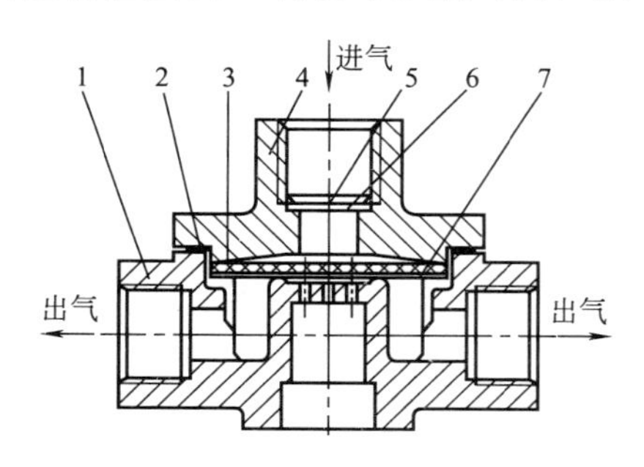

图6-18　快放阀

1—阀体；2—密封垫；3—橡胶膜片；4—阀盖；
5—挡圈；6—滤网；7—挡板

从紧急和停车制动控制阀来的压缩空气经滤网6过滤后进入阀体。在气压的作用下，橡胶膜片3变形（中部凹进）封闭下部排气口。气体从膜片周围进到左右两边出气口，进入制动气室解除制动，进入变速操纵阀的切断阀接通换挡油路，机器方可起步。气体走向如图6-19（a）所示。

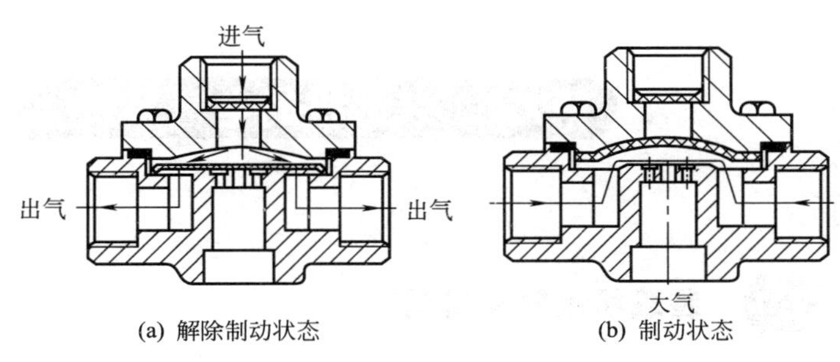

(a) 解除制动状态　(b) 制动状态

图 6-19 快放阀气体走向

当从紧急和停车制动控制阀来的压缩空气被切断时，橡胶膜片 3 上面压力解除，下面的气压就将膜片推向上部进气口，关闭进气口，打开排气口。制动气室、切断阀内的压缩空气从排气口排出，变速箱换挡油路切断，制动蹄张开，实现制动。气体走向如图 6-19（b）所示。

⑩ 蹄式制动器　蹄式制动器安装在变速箱输出轴前端。蹄式制动器的座板安装在变速箱壳体上，制动鼓安装在变速箱前输出法兰上。

制动时，通过软轴或制动气室拉动拉杆 10，带动凸轮 7 旋转，从而使两个制动蹄张开压紧制动鼓，利用作用在制动鼓内表面的摩擦力来制动变速箱输出轴。

第7章 装载机的电气系统

7.1 装载机电气系统的特点

目前，我国装载机的品种规格繁多，有的装载机电气系统非常简单，只有照明、仪表监控等功能；有的电气系统则非常复杂，特别是随着传感与检测技术的不断进步，电磁式仪表逐步取代了机械式仪表。同时，由于用户需求的不断提高，用于提高用户舒适性的电气部件，如雨刮、风扇、收放机、空调等，也逐步进入了装载机的电气系统。而且一些较高档的装载机已开始应用智能仪表监控、变速箱的电液换挡控制、电子燃油喷射、散热系统温度控制、电控应急转向、工作装置姿态控制等技术，轨道控制、故障诊断系统、专家系统与远程服务系统、CAN 总线技术应用等。所有这些技术的应用，都紧紧围绕着如何提高机器的安全性，可靠性、舒适性，以及如何提高作业效率、作业精度与过程自动化程度、降低能耗与噪声等方面进行，使电气系统集机、电、液、信一体化。然而，尽管如此，装载机电气系统仍具备两大特点：

① 大部分为 24V 标称电压（极少数为 12V）；

② 采用单线制与负极搭铁方式。

我们常把蓄电池的正极与用电设备相连，蓄电池的负极与机体相连，即利用机体的金属体代替电路中的负极导线，这种办法形成的电路称为单线制。将负极与机体连接在一起的方式称为负极搭铁方式。所有装载机的电气系统都可以被抽象成如图 7-1 所示的电路模型。

作为电路模型，图 7-1 着重描述的是电源与负载的关系，忽略了实际电路中的控制元器件，如开关、继电器、熔断器等。

从图 7-1 可见，装载机的电气系统可分为主电路与负载电路。主电路包括电源系统与启动系统，用来启动发动机并为全车电气提供电源，是电气系统的核心。负载电路一般包括仪表系统、照明系统、辅助电器（如雨刮、电风扇、空调电器、电喇叭、音响、点烟器等），较高档次装载机的负载电路包括有电子监控系统、工作装置自动复位系统及电液变速操纵控制系统等。

下面介绍主电路及蓄电池、发电机与启动电机等主要部件，并列举典型主电路的线路原理与故障判断，然后介绍负载电路中的仪表、照明、倒车警报等系统与应用日益广泛的自动复位、动力切断控制及半自动电液控制变速箱的变速操纵系统，最后介绍装载机电气系统维修时的一些注意事项。

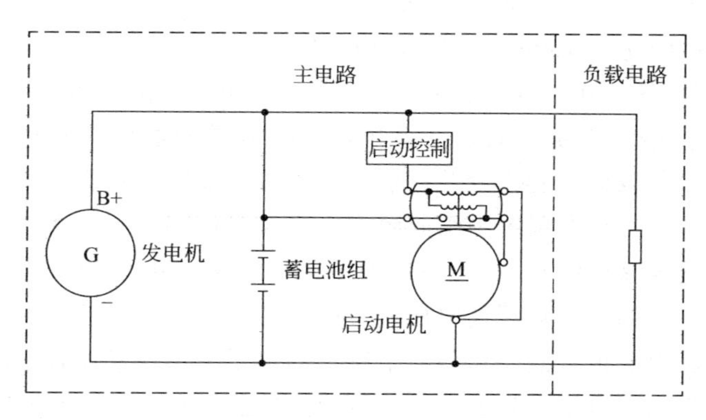

图 7-1 装载机的电路模型

7.2 装载机的主电路

主电路是装载机电气系统的核心，是全车能否正常工作的基础。由于其地位重要，使用维护注意事项较多，故障判断也比较困难，故作重点介绍。

主电路主要由电源总开关、蓄电池、发电机、启动电机、启动控制电路、电锁（钥匙开关）、电源继电器（有的装载机没有电源继电器）等组成。其中蓄电池、发电机、启动电机是主电路的核心元器件。

7.2.1 蓄电池

（1）蓄电池在装载机上的作用

装载机一般采用2个标称电压为12V的蓄电池串联。第一个蓄电池的负极经电源总开关搭铁，正极接到第二个蓄电池的负极；第二个蓄电池的正极接至启动电机的30端子。

蓄电池的作用归纳起来，主要有以下三点：

① 提供大电流给启动电机用来启动发电机。因此，装载机的蓄电池一般采用启动用铅酸蓄电池，以便在短时间内能提供很大的电流（根据发动机功率大小，通常为几十至几百安培，瞬间达到1500A左右），用于启动发动机。

② 在发电机不发电时，为车上所有电气负载供电。

③ 吸收系统中的瞬变电压，保护电子元器件。发电机的转速和负载突然变化以及切换感性负载（如电喇叭、电磁线圈等）时，都会在系统中引起瞬变电压（峰值高达一百多伏，持续时间为毫秒级），尽管在电源系统中设置了电压调节器，但由于电压调节器对瞬变电压调节的滞后性，致使电源系统中瞬变电压无法被抑制，从而对电路中的电子元器件形成较强的冲击，甚至使电子元器件损坏。而蓄电池的低阻抗、大电容特性，使其对瞬变过电压有较强的吸收作用，从而能保护电子元器件。因此，必须保证发电机至蓄电池的充电电路连接可靠，在发动机正常运转时，不得以任何方式断开发电机与蓄电池的连接（如发动机运转期间关闭电锁）。

（2）蓄电池的组成

能将化学能与电能重复转换的装置叫蓄电池。装载机一般采用铅酸蓄电池（电极主要由铅制成，电解液是硫酸溶液）。铅酸蓄电池一般由外壳、正极板（PbO_2）、负极板（Pb）、隔板、电池槽、电解液（硫酸和蒸馏水的混合物）和接线端等部分组成。

（3）蓄电池的基本参数

① 电压　蓄电池1格隔槽内正负极板间的电动势约2.1V，装载机用的蓄电池一般由6格隔槽串联而成，端电压约为12.6V（标称12V）。该电压值是在蓄电池完全充电状态下的开路电压。蓄电池的电动势和硫酸浓度成正比，并受温度影响。

② 内阻　蓄电池内阻的大小决定蓄电池的带负载能力。内阻越小，带负载能力越强，即可以向负载输出更大的电流。蓄电池内阻一般为毫欧级（几毫欧至十几毫欧）。对同一蓄电池，温度越低，内阻越大。随着放电过程的进行，蓄电池内阻会逐渐增大。

③ 容量　容量是标志蓄电池对外放电能力的重要参数。

电池容量：单位是mA·h，中文名称是毫安时（在衡量大容量电池如铅蓄电池时，一般用A·h表示，1A·h=1000mA·h）。若电池的额定容量是1300mA·h，如果以0.1C（C为电池容量）即130mA的电流给电池放电，那么该电池可以持续工作10h；如果放电电流为1300mA，那供电时间就只有1h左右（实际工作时间因电池的实际容量的个别差异而有一些差别）。

储备容量RC（min）：指充足电的蓄电池在27℃以25A放电电流连续放电至10.5V所持续的时间。表示发电机不发电时，蓄电池提供给机器电气负载工作的最少时间。

低温启动电流（SAE标准）：指在−18℃放电30s，电池端电压降至7.2V时蓄电池所能释放的安培数。表示低温状态下，蓄电池为发动机提供启动电流的能力。

例如：装载机常用的德尔福“6-QW-120”型蓄电池，“6”代表蓄电池由6格槽串联而成，“Q”代表启动用蓄电池，“W”代表免维护蓄电池，“120”代表蓄电池的额定容量为120A·h，其储备容量容量为230min，低温启动电流（Cold Cranking Amps）为850A。

④ 电解液密度　电解液是由高纯度硫酸和纯水配成的无色透明稀硫酸，它和阴、阳极板起化学作用，把化学能转化成电能，同时在电池内部起导电作用。较低的电解液密度有利于提高放电电流和容量，有利于延长蓄电池的使用寿命。其中，放电时电解液中的硫酸不断减少，水逐渐增多，溶液密度下降；充电时电解液中的硫酸不断增多，水逐渐减少，溶液密度上升。实际工作中，可以根据电解液密度的变化来判断蓄电池的充电程度，同时应在保证蓄电池放电终了电解液不结冰的前提下，尽可能减小电解液的密度。一般电解液的密度在标准温度20℃下定为$(1.28\pm0.02)g/cm^3$。

（4）蓄电池的充电规范

① 确认蓄电池端柱清洁，充电回路连接良好。

② 充电器正极连接蓄电池正极，充电器负极连接蓄电池负极。切勿对电池串联（24V）充电。

③ 建议用恒压16.0V、限流25A的充电器对蓄电池充电至电眼发绿。电池电眼发绿说明已充足电。最大充电电压不能超过16.2V，否则，将造成水被大量电解，液位下降，电眼发白，蓄电池报废。

④ 没有条件用恒压方式充电，可以按下列规范恒流充电：

a. 选用额定容量的1/10～1/8A充电电流，充电末期电压要达到但不能超过16V（末期电压低于16V易造成充完电后电眼仍发黑）。在充电器无法保证充电电压限制在16V以下时，必须每小时人工监控一次充电电池端电压，否则会导致电池因过压充电失水而影响寿命，甚至失效。

b. 充电时间与蓄电池充电前电压的关系可参见表7-1。

表7-1 充电时间与充电电压关系表

电池电压/V	补充电时间/h	电池电压/V	补充电时间/h
12.55～12.45	2	11.80～11.65	8
12.45～12.35	3	11.65～11.50	9
12.35～12.20	4	11.50～11.30	10
12.20～12.05	5	11.30～11.00	12
12.05～11.95	6	11.00以下	14
11.95～11.80	7		

c. 充电结束后，检查蓄电池电眼颜色。电眼为绿色说明已充足电；如果为黑色，应检查充电连线是否接牢，连接点是否清洁，充电末期电压是否达到16V。放置24h后测量电压，对照电压与补充电时间的关系继续补充电。

d. 若发现电眼发白，有可能是电眼中有气泡，可轻微摇晃电池将气泡赶走。若摇晃后仍然发白（说明电解液已损失），应更换该蓄电池。

⑤ 对于电压低于11.0V的蓄电池，补充电初期可能会出现蓄电池充不进电现象。因为严重亏电，蓄电池内硫酸密度已接近纯水，蓄电池内阻很大。这时，可减小充电电流或换用较大功率的充电机，随着蓄电池充电的进行，蓄电池内硫酸密度上升，蓄电池的充电电流可以逐步恢复正常。

⑥ 充电过程中，如发生蓄电池排气孔大量喷酸，应立即停止充电并查明原因。

⑦ 充电过程中，当蓄电池温度超过45℃时停止充电，至电池温度降到室温后，将充电电流减半继续充电。

⑧ 蓄电池补充电过程中，每小时检查一次电眼状态。蓄电池电眼显示绿色，说明蓄电池已充足电，停止充电。

⑨ 补充电结束并测试合格后，在端柱上涂黄油防止电蚀现象的发生。

(5) 铅酸蓄电池常见故障的现象、原因与处理方法（见表7-2）。

表 7-2 蓄电池的故障与处理

故障	现象	可能的原因	处理方法
外部故障	破损	极桩腐蚀、极桩松动、外壳裂纹、漏液	视情维修与更换
极板硫化	表面形成白色、坚硬、不易溶解的粗晶粒硫酸铅；蓄电池充电接受能力差，充电时电上升很快，迅速高达2.9V/格左右（正常为2.7V/格左右）；放电时电压降低很快，1～2h即达1.8V/格，容量明显比其他正常蓄电池低	电池长期充电不足；放电后未能及时充电；经常过量充电或小电流深放电；电解液不纯，自放电大；内部短路或电池表面水多造成漏电；电池内部电解液液面低，使极板裸露部分硫化	硫化不很严重的蓄电池可用均衡充电法进行处理，小电流（电流容量的1/40）充20～30h，并反复进行多次充放电循环（全充全放）；严重硫化的蓄电池需更换
蓄电池开路	充不进电，没有电流显示，严重时伴有电池内部打火现象	极柱受损有裂纹；假焊；因加酸不小心使酸漏入引线焊点，腐蚀引线而造成开路	更换
蓄电池短路	电压低；容量不足；充电后电压仍低于正常值等	由于漏铅或隔板破损引起短路；电解液不纯；杂质结晶而引起短路；极板活性物质严重脱落，规程在电池槽底部的脱落物引起短路	更换
蓄电池自放电严重	电压低，充电后电压正常但放置几天后电压下降很快	所加的硫酸电解液不合标准，含杂质太多；补水维护时补加的水含杂质过多而造成电池自放电过大	补充符合标准的电解液压及蒸馏水

7.2.2 发电机

（1）发电机的作用

发电机是在发动机的带动下将机械能转化成电能的装置。发电机是装载机的主要电源，其作用是在发动机发动后，向机器上所有用电设备（启动电机除外）供电，同时给蓄电池充电。

（2）交流发电机的工作原理

① 交流电动势的产生　交流发电机利用电磁感应原理产生交流电动势，原理见图 7-2。

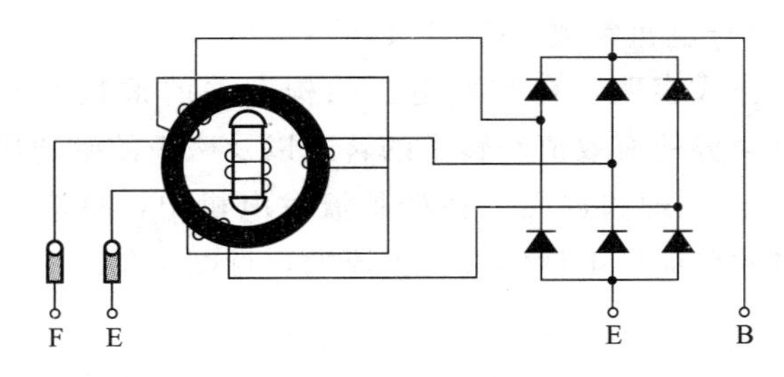

图 7-2　交流发电机原理图

转子（励磁绕组）在发动机的驱动下产生旋转磁场，固定在彼此间隔 120°的三相定子绕组便切割磁力线，产生三相频率相同、幅值相等、相位差 120°的正弦电动势 e_U、e_V、e_W。其瞬时值分别为：

$$e_U = E_m \sin\omega t$$

$$e_V = E_m \sin(\omega t - 120°)$$

$$e_W = E_m \sin(\omega t + 120°)$$

$$E_m = \sqrt{2E_\phi}$$

式中　E_m——相电动势的最大值，V；

E_ϕ——相电动势的有效值，V；

ω——电角速度，rad/s。

而每相电动势的有效值

$$E_\phi = 4.4KfN\phi$$

式中　K——绕组系数；

f——感应电动势的频率，Hz，$f=pn/60$；

p——磁极对数；

n——转子转速，r/min；

N——定子绕组的匝数；

ϕ——磁极磁通（Wb）。

上式也可写成

$$E_\phi = C\phi n$$

式中　C——电机常数，$C=4.44KNp/60$。

上述公式表明，在与发电机结构有关的常数不变的前提下，相电动势的有效值和转子的转速以及磁极的磁通成正比。

② 整流原理和过程　在硅整流发电机中，整流器是利用硅二极管的单向导电性能进行整流的，见图 7-3。

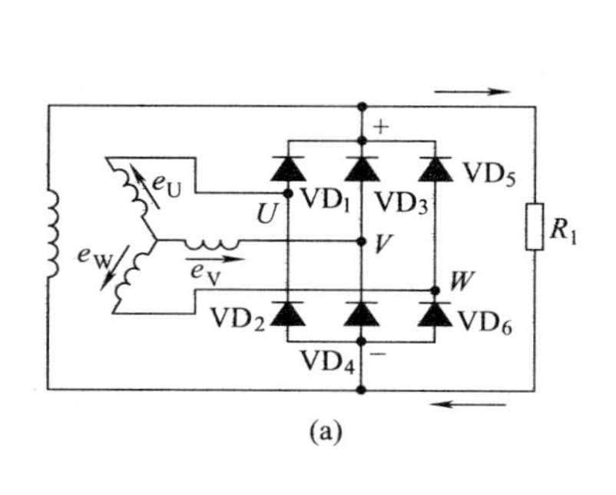

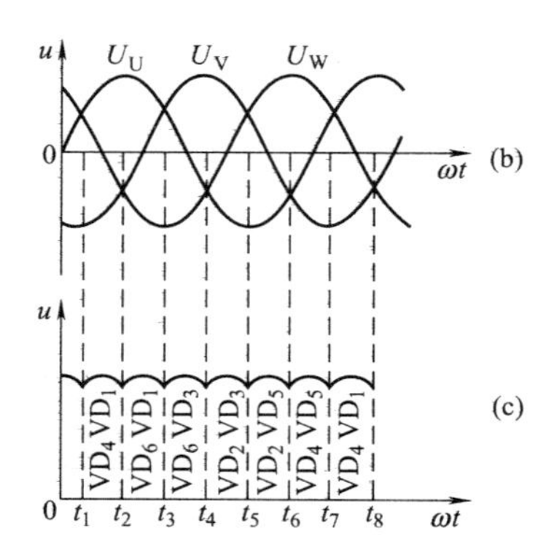

图 7-3　交流发电机的整流原理

在三相桥式全波整流电路中，任一瞬间只有与电位最高的一相绕组相连的正二极管导通；同样，只有与电位最低的一相绕组相连的负二极管导通；如此反复循环，六只二极管轮流导通，在负载两端便得到一个较平稳的脉动直流电压，见图 7-3（c）。

每一只硅二极管在一个周期内只导通 1/3 的时间，流过每个二极管的正向电流为负载电流的 1/3。

有些发电机将三相绕组的中性点引出，标注为“N”接线柱，它和发电机外壳之间的电压叫中性点电压 U_N，$U_N = U_B/2$。中性点电压一般用来控制各种用途的继电器，如计时继电器、充电指示继电器、启动机保护继电器等。

③ 交流发电机的励磁　除了永磁式交流发电机不需要励磁以外，其他形式的交流发电机都需要励磁，也就是说必须给磁场绕组通电才会有磁场产生。将电源引入到磁场绕组，使之产生磁场称为励磁，交流发电机励磁方式有自励和他励两种。在发动机启动期间，需要蓄电池供给发电机磁场电流励磁，使发电机发电，这种供给磁场电流的方式称为他励；随着发电机转速的提高，发电机的电动势逐渐升高并能对外输出（一般在发动机怠速时发电机就能对外供电了）。当发电机能对外供电时，就可以把自身发的电供给磁场绕组励磁，这种供给磁场电流的方式称为自励。由于在发动机转速低时交流发电机不能自励发电，所以低速时采取他励发电，当发动机达到正常怠速转速时，发电机的输出电压一般高出蓄电池电压 2～3V，以便对蓄电池充电。此时，由发电机自励发电。

利用充电指示灯可以监视发电机的工作情况，如图 7-4 所示。

充电指示灯的工作情况：在发动机启动期间，发电机电压 U_{D+} 低于蓄电池电压时，整流二极管截止，发电机不能对外输出，由蓄电池供给磁场电流，路径为：蓄电池＋→点火开关 SW→充电指示灯→调节器→磁场绕组→搭铁→蓄电池－，充电指示灯亮；当发动机转速升高到怠速及其以上时，发电机应能正常发电并对外输出，此时，发电机电压高于蓄电池电压，发电机自励。$U_{B+} = U_{D+}$，充电指示灯两端压降为零，灯熄灭。若灯没有熄灭，说明发电机有故障。

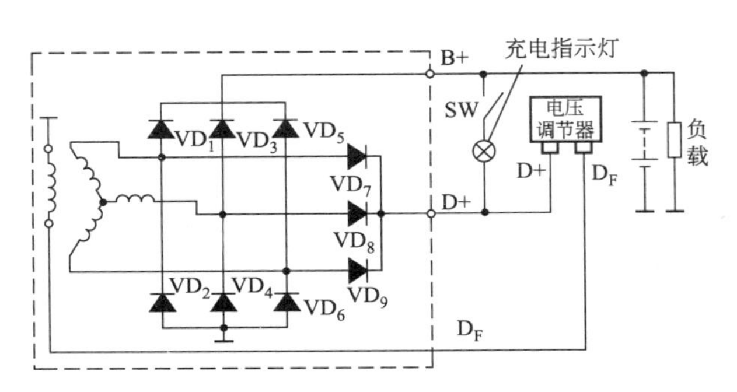

图 7-4 发电机的充电指示灯连接方式

充电指示灯不仅可指示发电机的工作情况，而且对手动熄火的装载机，在发动机熄火后点亮，提醒司机及时关断钥匙开关。

有些装载机没有设充电指示灯。

(3) 稳压调节器

稳压调节器通过调节励磁电流的平均值的大小，使发电机的端电压在发电机的转速与负载变化时保持恒定。目前，装载机上的发电机绝大部分采用内置集成电路调节器。集成电路调节器具有体积超小的优点，一般安装于发电机的内部（又称内装式调节器），减少了外接线。

(4) 发电机主要零部件故障的现象、原因及维护与预防（表 7-3）

7.2.3 启动电机

装载机上的启动电机是将蓄电池电能转化成机械能并启动发动机的装置。启动电机由直流电动机、传动机构（又称啮合机构）、控制装置（又称电磁开关）三部分组成。直流电动机的作用是将电能转化成机械能，产生电磁转矩。传动机构的作用是在发动机启动时，将电磁转矩传递给飞轮，驱动发动机运转并启动，在发动机启动后，使启动电机驱动齿轮自动打滑，以免发动机反拖启动电机电枢，并最终与飞轮齿圈脱离啮合。

表 7-3 发电机的故障及预防

故障	现象	原因	维护与预防
定子绕组短路、断路	短路可分为相间短路、匝间短路和绕组搭铁等。相间短路和匝间短路可从外观检查,一般可见到线圈烧焦、变色(如变黑)	定子浸漆处理不好,绝缘漆没能填满槽内空隙,使导线固定作用减弱;轴承因缺油松动或烧蚀,致使轴承径向间隙过大使转子轴偏心,造成转子与定子碰刮扫膛,使定子绕组局部温升过高而短路或机械性断路	定期保养,对轴承松旷严重的要及时更换。发现轴承外圈与轴承室有磨损时,应立即修复或更换壳体
定子铁心损坏	发电机有阻滞现象和碰刮响声	发电机长时间过载(匹配不合理)造成定子烧毁;前后端盖紧固螺钉紧度不一或部分失效,造成碰刮(扫膛)使定子损坏;绝缘纸磨破,造成对地短路	检查发电机前后盖紧固螺栓是否松动或丢失,并及时拧紧
转子绕组断路	绕组引线脱焊或断线;电刷磨损严重或松动;电刷弹簧卡死、折断;滑环烧蚀	线路与滑环焊接处因焊接品质和其他原因脱焊;滑环与转子轴间配合松动,引线断;滑环与电刷接触面接触不良,造成发电机不能产生磁场	对于磨损大于50%的电刷和压力失效的弹簧应给予更换;对于表面烧蚀严重和跳动大于0.05mm的滑环,用车床车圆和抛光处理,用酒精等擦拭干滑环表面
整流组件短路、断路	发电机的输出电压过低或电压不能输出	电压调节器损坏导致二极管击穿;二极管的正向或反向工作电压、电流过大而击穿	避免在装载机上加装其他大功率电气设备

控制装置用来控制直流电动机与蓄电池连接电路的通断，同时控制传动机构与飞轮的啮合与脱离。

目前，装载机上的启动电机绝大部分是串激式电磁操纵直驱柔性啮合启动电机。所谓串激式，是指磁场绕组和电枢绕组串联。另外，减速式启动电机与柔性啮合启动电机由于优点明显，在装载机上也开始被应用。

(1) 启动过程简述

在图 7-5 中，左图为启动前及启动后电机与启动线路的状态，右图为启动过程中启动电机与启动线路的状态。

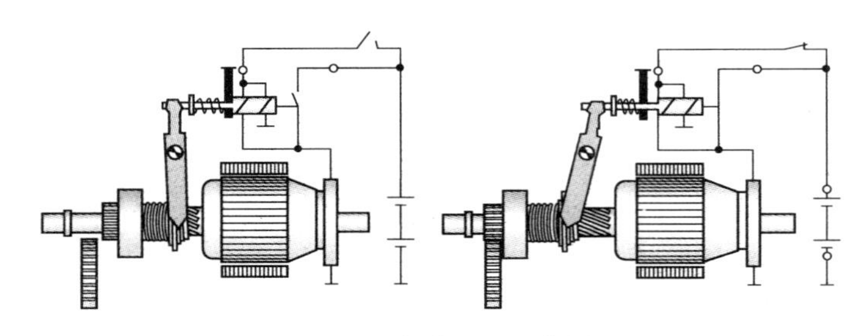

图 7-5 启动过程示意图

启动时，接通启动开关，启动电机控制装置的吸引线圈与保持线圈通电，两者产生的电磁力方向相同，相互叠加，吸引控制装置的衔铁克服弹簧力右移，并带动拨叉绕其销轴转动，使驱动齿轮左移；同时，由于吸引线圈的电流流过直流电动机的绕组，电枢开始转动，通过单向器使驱动齿轮旋转。因此，驱动齿轮边旋转边左移。当左移出一定距离后，驱动齿轮齿端与发动机飞轮齿圈齿端相对，不能马上啮合，弹簧被压缩，当驱动齿轮转过一定角度后，两齿轮的齿端错开，在弹簧力的作用下，驱动齿轮迅速左移与飞轮啮合，同时，控制装置的衔铁迅速右移，使控制装置的触点开关迅速闭合。触点开关闭合后，大电流从蓄电池正极通过触点开关流经直流电动机的绕组后回至蓄电池负极，直流电动机便产生较大的电磁转矩驱动发动机旋转并启动（注意：触点开关闭合后，吸引线圈两端电势相等，不再有电流流过，由保持线圈产生的电磁力维持衔铁的位置）。

发动机启动后，其转速迅速上升到怠速，飞轮变成主动齿轮，带动驱动齿轮旋转，但由于单向器的“打滑”作用，发动机的转矩不会传递给电枢，防止了电枢超速运转的危险。

启动后，松开启动开关，启动控制回路断电，电流除从蓄电池正极通过触点开关流经直流电动机的绕组回至蓄电池负极外，还从蓄电池正极通过触点开关流经控制装置的吸引线圈后经保持线圈回至蓄电池负极。很明显，此时吸引线圈与保持线圈是串联关系，流经两者的电流相等。由于两者的匝数相等，因此两者产生的电磁力大小相等，但方向相反，相互抵消。控制装置的衔铁在弹簧力的作用下迅速左移，使触点开关断开，直流电动机的绕组与控制装置的吸引线圈与保持线圈断电；衔铁左移带动拨叉绕其销轴转动，使驱动齿右移，脱开驱动齿轮与飞轮的啮合。

（2）启动控制电路

启动控制电路指控制蓄电池与启动电机控制装置通断与否的电路。装载机上的启动控制电路一般有以下几种：

① 开关直接控制　指启动电机控制装置直接由钥匙开关控制。这种控制方式简单，但由于大流量直接通过钥匙开关且手动操纵动作不够迅速，钥匙开关故障率较高。目前，仍有少数厂家采用。

② 启动继电器控制　指启动电机控制装置由钥匙开关通过启动继电器进行控制。控制装置的大电流不再通过钥匙开关，而是通过启动继电器的触点开关，大大提高了钥匙开关的可靠性。目前，绝大部分装载机采用这种控制方式。

③ 多个继电器连锁控制　指启动电机控制装置由钥匙开关通过多个继电器（如空挡继电器、启动保护继电器等）与启

动继电器连锁进行控制。空挡继电器限定必须将机器挂空挡才能启动，提高了机器操作的安全性。启动保护继电器一般从发电机处取控制信号（如发电机的 D＋，N 等端子），当发动机启动成功后，发电机开始发电，启动保护继电器便切断启动电机控制装置的电路，启动电机立即停止运转，避免了钥匙开关不回位导致启动电机损坏的情况。同时，在发动机正常运转过程中，即使误将钥匙开关旋于启动位置，启动电机也不会工作。

（3）启动电机的使用与维护

启动电机并没有要求操作者进行太多的维护工作。但是，如果一些基本维护需求得不到满足的话，它们很可能会给操作者制造出比较大的麻烦。以下是启动电机使用维护时的注意事项。

① 任何原因引起的启动电机正极或者负极电缆上的电压降都会降低启动性能，导致启动困难甚至无法启动。因此，首先要保证蓄电池线路中所有的接线柱清洁、连接牢固，以减少接触电阻；其次，由于绝大部分启动电机是外壳接地的，故还应检查发动机外壳与蓄电池负极搭铁是否良好；第三，蓄电池线路中电缆的截面积、材料应符合要求，电缆的总长度应尽量短，以减少导线电阻。

② 启动电机的防尘罩、密封垫等密封元件一定要装好，防止变速箱润滑油、尘土等窜入启动电机内部。

③ 发动机启动后，启动电机应立即停止工作，以减少启动电机不必要的运转所造成的磨损与蓄电池电能消耗。此外，如启动电机连续运转时间过长，会导致内部直流马达绕组温升过高而烧毁，同时，使蓄电池过度放电，影响蓄电池的寿命。一般来说，每次启动时间不超过 5s，如一次未能启动成功，应间歇 15s 以上再作第二次启动。连续三次启动不成功，应查明原因，排除故障后再启动。

④ 启动前，应关闭所有与启动无关的用电设备，同时将装载机挂空挡，动臂与铲斗操纵杆置中位，以增加启动电机的启动能力，减少发动机的阻力矩。

⑤ 如环境温度过低导致启动困难时，在启动前，要对发动机进行充分预热，以降低发动机润滑油的黏度，减少发动机的阻力矩。

(4) 启动电机的常见故障

① 控制装置故障，主要有吸引线圈或保持线圈的短路、断路、搭铁，触点与接线柱烧蚀等。

② 直流电动机故障，主要有换向器严重脏污或烧蚀，电刷严重磨损，电刷架内卡死，电枢绕组或磁场绕组短路、断路、搭铁等。

③ 传动机构故障，主要有单向器打滑，单向器弹簧折断，驱动齿轮或飞轮齿圈严重磨损或损坏，电枢轴衬套磨损严重，拨叉折断或脱离位置，驱动齿轮与限位环之间间隙过大等。

7.2.4 典型主电路工作原理与故障判断

不同企业、不同型号的装载机的主电路是不完全一样的，然而基本原理相同，因此，只要掌握了一种装载机的主电路，其余的都可以触类旁通。

(1) 主电路工作原理图

图 7-6 所示是装载机的典型主电路。

电源开关（也称电源总开关）闭合后，蓄电池（两个蓄电池串联，标称电压为 24V）的电压便通过 130 号导线、插接件 D、60A 熔断器、131 号导线到达电源继电器的一个触点处，再通过 118 号导线、10A 电锁熔断器、111 号导线到达电锁的电源端（B1-B2）。

将电锁拧至 ON，B1-B2 端便与 M 端接通，111 号导线与 115 号导线接通，电流通过 115 号导线、电源继电器的线圈至地（注意：此处地线为 200 号线，以下不再重复）。同时，熄

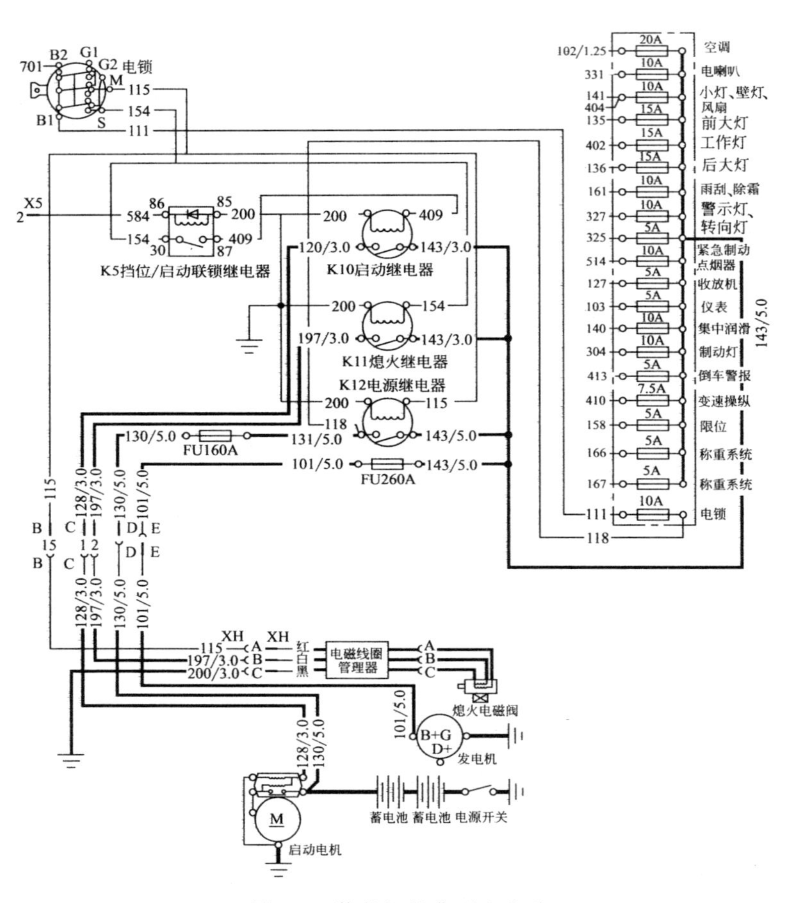

图 7-6　装载机的典型主电路

火电磁铁的保持线圈也通过115得电。

电源继电器线圈得电后，触点开关闭合，131号导线便与143号导线接通，电压到达熄火继电器触点、启动继电器触点、二十路熔断器盒中的各路分熔断器，全车电器负载得电。

将电锁拧至启动（START）挡，B1-B2端、M端、S端互相接通，111号导线、115号导线、154号导线接通；如果换挡手柄挂在空挡，则变速控制器通过584号导线输出24V的电压，通过挡位/启动连锁继电器的线圈至地，线圈得电后，挡位/启动连锁继电器触点闭合（30与87接通），电流通过409号导线、启动继电器线圈至地，使启动继电器触点闭合，128号导线与143号导线接通，电流通过128号导线、C插接件流入启动电机的电磁开关线圈，启动电机开始工作；电流同时经154号导线流过熄火继电器的线圈至地，使熄火继电器触点闭合，197号导线与143号导线接通，电流通过197号导线、C插接件、XH插接件流经熄火电磁铁的启动线圈至地，熄火电磁铁开始工作，将燃油油路打开；启动电机带动发动机飞轮旋转，发动机启动；发动机启动后，发电机在传动带的带动下开始发电（标称电压28V），发电机通过101号导线、E插接件到60A熔断器，一方面通过143号导线、电源继电器触点、60A熔断器、130号导线、D插接件、蓄电池正极输出电缆给蓄电池充电，一方面通过143号导线到二十路熔断器盒中的各路分熔断器给全车负载供电。

发动机启动后，松开电锁钥匙，电锁自动复位至“ON”挡，154号导线断电，启动继电器触点断开，128号导线断电，启动电机停止工作。同时，熄火继电器触点断开，197号导线断电，熄火电磁铁启动线圈断电，但115号线仍然有电，保持线圈仍然工作，燃油油路继续打开，发动机继续运转。

关电锁（将电锁拧至“OFF”挡），115号导线断电，熄火电磁铁保持线圈断电，燃油油路关闭，发动机熄火，发电机不再发电。同时，电源继电器线圈断电，触点断开，143号导线断电，全车电气负载断电。

断开电源总开关，全车断电。

（2）元器件介绍

① 电锁　电锁俗称钥匙开关，用来控制全车通电/断电、启动、熄火等功能。

本电锁有B1-B2、M、S、G1、G2五个引脚，G1与G2引脚一般不用。B1-B2为电源引脚，B1接111号导线，M为点火引脚，接115号导线；S为启动引脚，接154号导线。

本电锁的功能挡位图见表7-4（“●”表示接通）。

表7-4　电锁功能与挡位的关系

	B1	B2	M	S	G1	G2
OFF	●	●				
ON	●	●	●			
START	●	●	●	●		●
辅助	●	●			●	

判断电锁是否损坏的方法是脱开与电锁连接的导线，将电锁从车上拆下，用数字万用表的电阻200Ω挡按表7-4检查。

② 熔断器　熔断器是一种结构简单、使用方便、价格低廉的电气保护元件。使用时，熔断器被串联在被保护电路中，当被保护电路出现过载或短路时，熔断器的熔体熔断从而分断电路，起到安全保护作用。

更换熔断器时，一定要用相同规格的熔断器，不允许采用铜丝作应急处理。片式熔断器与平板式熔断器必须严格符合相关的规定。各种规格的片式熔断器的颜色见表7-5。

熔断器是否熔断，通过目测即可判断，也可用万用表的电阻200Ω挡测量，未熔断的熔断器两个引脚应导通。

表 7-5 各种规格的片式熔断器的颜色

BX2011C-5A	橙	BX2011C-15A	蓝
BX2011C-7.5A	棕	BX2011C-20A	黄
BX2011C-10A	红	BX2011C-30A	绿

③ 挡位/启动连锁继电器　图 7-6 中的挡位/启动连锁继电器有 30、87、87a、85、86 五个接线柱。85、86 之间为线圈，电阻值约 300Ω。30 与 87 之间为常开触点，30 与 87a 之间为常闭触点；且内部带有续流二极管（也称“抑制”二极管）。

继电器的工作原理是线圈通电后，30、87 接通，30 与 87a 断开；断电后，30、87 断开，30、87a 接通。

继电器是否损坏的判断方法：用万用表的电阻挡测量：85、86 之间的电阻约为 300Ω；30、87 之间的电阻无穷大，30、87a 之间的电阻为 0。将 85 拉至直流 24V 电源的正极，86 接至直流 24V 电源的负极，30 与 87 应导通，30 与 87a 断开。

由于继电器内部带有续流二极管，故 85 端必须接 200 号地线，不能将 200 号导线接至 86 端！否则，继电器将不能正常工作。

④ 熄火继电器　图 7-6 中的熄火继电器 K11 有四个接线柱。两个小螺栓之间为线圈，电阻值约 70Ω。两个大螺栓之间为触点。

判断熄火继电器是否损坏的方法：用万用表的电阻挡测量：两个小螺栓之间的电阻约为 70Ω；两个大螺栓之间的电阻无穷大。将直流 24V 电源的正极接至一个小螺栓，负极接至另一个小螺栓，两个大螺栓应导通。

⑤ 启动继电器与电源继电器　图 7-6 中有两个继电器 K10 和 K12，K10 用作启动继电器，K12 用做电源继电器。每

个继电器都有四个接线柱。两个小螺栓之间为线圈，电阻值约6.5Ω。两个大螺栓之间为触点。其工作原理基本上与熄火继电器相同，不同的是这两个继电器的线圈由推拉和保持两个线圈并联组成，触点吸合瞬间，两个线圈产生的电磁合力使衔铁动作，闭合触点开关。衔铁在推动触点开关闭合的瞬间，同时顶开接触器内部的与推拉线圈串联的小开关，使推拉线圈断电，触点开关在保持线圈的电磁力作用下，保持在闭合状态；保持线圈断电后，触点开关断开。

⑥ 熄火电磁铁　图7-7中的熄火电磁铁属于“断电断油”型，即断电时关闭发动机燃油的油路。

图7-7　熄火电磁铁

熄火电磁铁控制发动机燃油油路的开启与关闭，因此，如果熄火电磁铁不能正常工作，发动机将不能启动，或启动后自行熄火。

熄火电磁铁外接红、白、黑三线，红线与黑线之间的线圈（维持线圈）电阻约40Ω，白线与黑线之间的线圈（推拉线圈）约1Ω。接线时，红-115，白-197，黑-200，切勿接反，否则会导致熄火电磁铁烧毁。

熄火电磁铁的安装需严格保证拉杆的同轴度与行程。更换熄火电磁铁时请严格按照熄火电磁铁的安装要求安装。

熄火电磁铁是否正常工作的判断方法：闭合电锁至

"ON"挡，熄火电磁铁拉杆不会动作；将电锁拧至"START"挡的瞬间，拉杆应迅速向前动作，开启燃油油路；松开电锁钥匙，电锁自动复位至"ON"挡后，拉杆应不动（即保持在油路开启状态）；关闭电锁，熄火电磁铁拉杆复位至初始状态。否则，可断定熄火电磁铁不能正常工作，分析流程如图7-8所示。

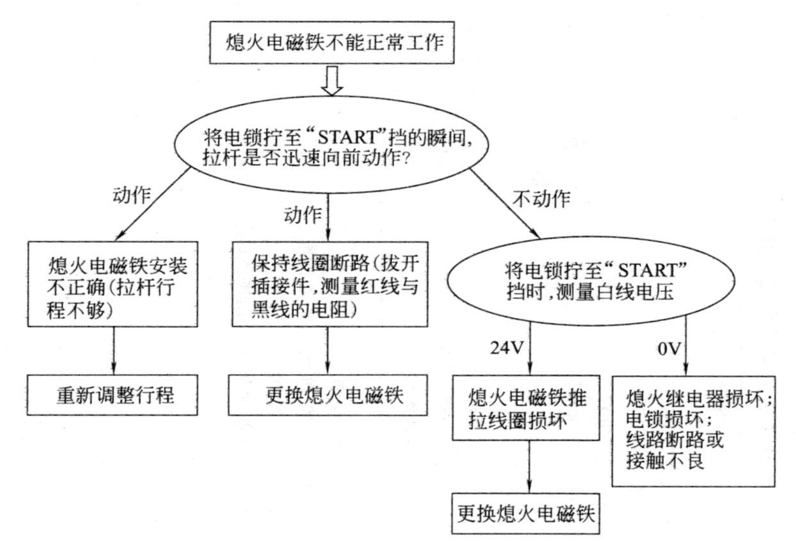

图7-8　熄火电磁铁故障分析流程图

⑦ 电源总开关　电源总开关控制蓄电池负极与车架（地）的接通和断开。闭合电源总开关，蓄电池负极与车架接通，闭合电锁，全车电气负载得电；断开电源总开关，蓄电池负极与车架断开，全车电路不能形成回路，即使闭合电锁，全车电路也不会得电，且不能启动。

以下情况应断开电源总开关：装载机停止工作时；关闭电锁后发动机不熄火时；连接或拆卸蓄电池连线时；对全车进行焊接操作时。

（3）主电路常见故障的现象、原因及处理方法（表7-6）

表 7-6　主电路常见故障的原因与处理方法

故障名称	故障现象	故障原因	处理方法
全车无电	闭合电锁，听不到电源继电器吸合的声音，全车电气负载无电	1)电源总开关未闭合 2)电源总开关损坏 3)蓄电池严重亏电 4)60A、10A熔断器熔断 5)电锁损坏 6)电源继电器损坏 7)蓄电池线路接头松动 8)线束插接件松动	1)闭合电源总开关 2)更换电源总开关 3)重新充电或更换蓄电池 4)需仔细检查电路，查明原因后再更换熔断器 5)更换电锁 6)更换电源继电器 7)检查并紧固各电缆线连接点 8)检查重新连接相关的插接件
不能启动	电锁拧至启动挡，但全车无任何回应	1)变速操纵杆未挂空挡 2)变速操纵控制单元故障，不能给启动控制线路输出空挡信号 3)启动继电器或空挡/启动连锁继电器故障	1)挂空挡 2)请专业人士处理 3)启动继电器或更换空挡/启动连锁继电器
启动后启动电机持续运转	电锁不回位	1)电锁卡死，失效 2)启动继电器触点烧结 3)启动电机控制装置触点烧结	1)更换电锁 2)更换启动继电器 3)修复或更换启动电机

续表

故障名称	故障现象	故障原因	处理方法
启动电机不转动或转动无力	电锁拧至启动挡，启动电机无反应或启动电机转动缓慢，发动机无法启动	1)蓄电池亏电严重 2)蓄电池线路连接柱严重氧化、腐蚀或连接松动 3)启动控制线路故障：如线路断路或接触不良，电锁损坏，启动继电器损坏等 4)启动电机控制装置故障 5)启动电机直流电动机故障	1)重新充电或更换蓄电池 2)打磨、清洗并紧固蓄电池连接线路 3)查明原因，修复线路或更换故障元器件 4)检查吸引线圈或保持线圈的短路、断路、搭铁及触点与接线柱烧蚀情况等处理或更换 5)检查换向器是否脏污或烧蚀，电刷是否严重磨损，电刷架内是否卡死，检查电枢绕组或磁场绕组短路、断路、搭铁等状况并视情处理，必要时更换
启动电机空转	电锁拧至启动挡，启动电机高速转动，但发动机转动缓慢或不转动	启动电机传动机构故障	检查单向器是否打滑；驱动齿轮、飞轮齿圈是否损坏；驱动齿轮、飞轮齿轮、电枢轴衬套是否磨损严重；拨叉是否折断或脱离位置等，并根据实际情况处理或更换启动电机

续表

故障名称	故障现象	故障原因	处理方法
启动电机驱动齿轮与飞轮有打齿现象	电锁拧至启动挡，启动电机驱动齿轮与飞轮有撞击现象	1)蓄电池亏电或有故障 2)蓄电池线路连接柱氧化、腐蚀或连接松动 3)启动电机的保持线圈有故障 4)启动控制线路中的相关继电器断开电压偏高 5)驱动齿轮与限位环之间的间隙过大 6)驱动齿轮、飞轮齿圈、电枢轴被套磨损严重 7)单向器弹簧太软或折断、拨叉脱离位置等	1)重新充电或更换蓄电池 2)打磨、清洗并紧固蓄电池连接线路 3)修复或更换启动电机 4)更换启动继电器 5)后三项原因均为启动电机内部故障，查明具体原因后修复或更换启动电机
自行熄火	装载机可以启动，但短时间内自行熄火	1)熄火电磁铁有故障 2)熄火控制线路有故障 3)柴油管折弯，供油不畅	1)检查熄火电磁铁的线圈及安装方式 2)检查熄火控制线路 3)理顺供油管道

7.3 仪表系统

装载机仪表系统一般包括温度表（如发动机水温表、发动机机油温度表、变矩器油温表）、压力表（如发动机油压表、制动气压表、变速箱油压表等）、燃油油位表、电压表、计时器等指示仪表和温度表传感器、压力表传感器、燃油油位表传感器等。也有很多装载机制造商采用压力开关驱动报警指示灯的形式取代发动机油压表与变速箱油压表。

7.3.1 动磁式仪表原理

动磁式温度表、压力表、燃油表的工作原理是完全相同的，其结构如图 7-9 所示。

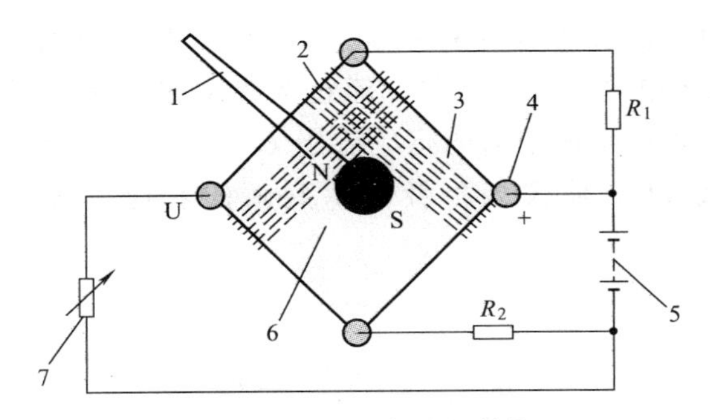

图 7-9 动磁式仪表的结构

1—指针；2—线圈；3—骨架；4—导电接线柱；5—电源；6—磁钢；7—传感器

让有 N、S 极的磁钢通过针轴与指针组合一体旋转在上下骨架中间，并使其自由转动。十字线圈 L_1 及 L_2 绕制在塑料骨架上，R_1、R_2 焊装在印刷板上与导电接线柱连接，导电接线柱（＋）接电源正极，与外壳相连接的导电接线柱接电源负极（－），另一导电接线柱接对应传感器“U”端。其等效电路如图 7-10 所示。

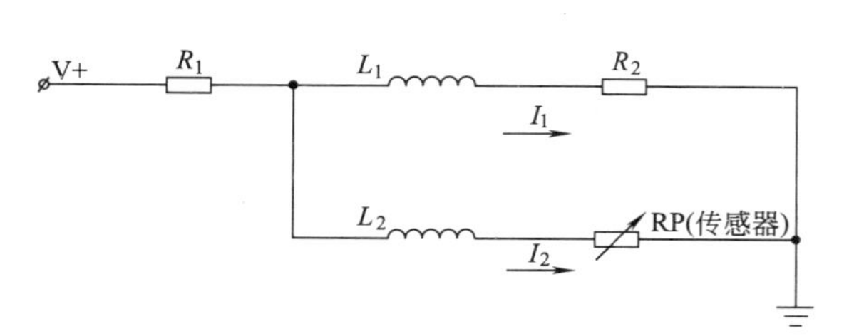

图 7-10 动磁式仪表等效电路

电源 V+通过电阻 R_1 降压后分成两路：一路流进线圈 L_1 及 R_2 至地，构成回路，形成 I_1 电流；另一路流进线圈 L_2 及传感器 RP 与地构成回路，形成 I_2 电流。电流 I_1、I_2 将分别产生磁场 H_1、H_2，这两个磁场相互作用得到一个合成磁场 H，并作用于磁钢，促使磁钢（指针）偏向合成磁场的方向，从而使仪表指示出相应的值。当由于某种原因引起传感器 RP 输出电阻发生改变时，流过两线圈的电流 I_1、I_2 也随着改变，将产生两个新的感应磁场 H_1'、H_2'，从而产生新的合成磁场 H'，使仪表指针指示到新的对应刻度值，如图 7-11所示。

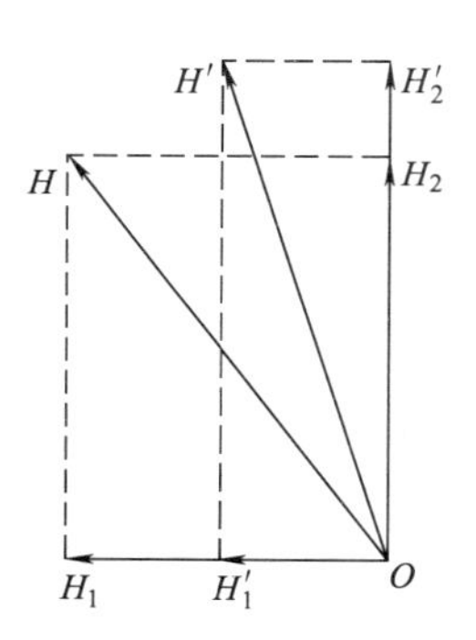

图 7-11 磁场变化

7.3.2 主要部件说明

装载机仪表系统线路原理如图 7-12 所示，包括仪表板总

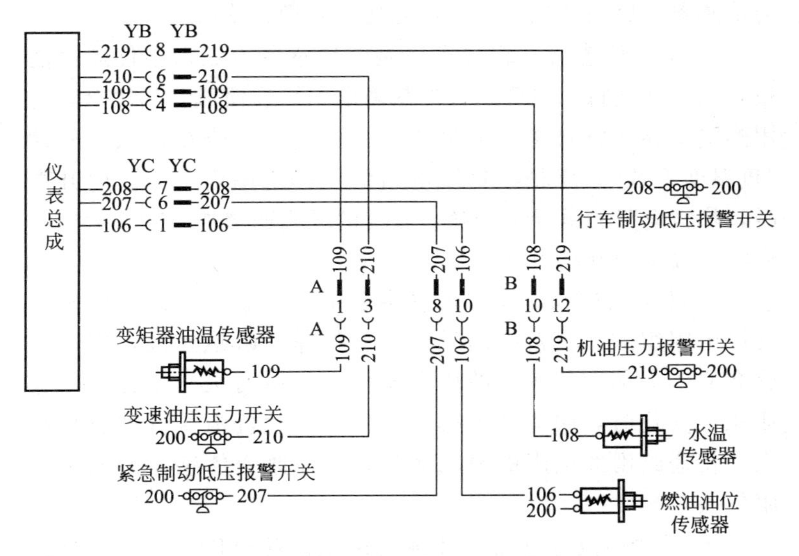

图 7-12 装载机仪表系统线路原理图

成、传感器及报警压力开关等。

（1）仪表板总成

对于动磁式仪表板总成，包括发动机水温表、变矩器油温表、燃油油位表、电压表（有的机型为电流表）、机油压力表、气压表、变速箱油压表、计时器等，它们都是单个的仪表，组合安装在一块仪表板上；而对于液晶仪表板，则只包含上述前四个仪表（均为液晶段显示且带背光），其余监控项目以报警指示灯方式来显示，包括机油压力、行车制动低气压、紧急制动低气压、变速箱油压等，位于仪表板内部的微型计算机随时监控整机的运行状况，并根据仪表、传感器、压力开关的输入信号完成数据的采集和数据处理，必要时驱动报警单元进行二级声乐报警提醒司机。

（2）传感器

与动磁式温度表、压力表、燃油表配套的温度传感器、压力传感器、燃油油位传感器都是变电阻型传感器。

① 温度传感器　装载机用温度传感器一般采用传热性能很好的铜外壳将负温度系数的热敏电阻封装而成。热敏电阻是用陶瓷半导体材料掺入适量氧化物在高温下烧结而成。所谓“负温度系数”，就是在热敏电阻的工作范围内，当温度升高时，热敏电阻的电导率会随着温度的升高而增加，即它的电阻值随着温度的升高而减少。

② 压力传感器　压力传感器主要由膜盒腔、传动机构与滑线电阻组成。膜盒腔的膜片是一种弹性敏感元件，用来感受介质（如油、气等）的压力变化并转换为机械位移。当介质压力变化时，膜片产生机械位移，传动机构将机械位移放大并传递给滑线电阻的滑动触片，从而改变传感器的输出电阻值。

③ 燃油油位传感器　装载机用燃油油位传感器有摆杆式油位传感器与干簧管式油位传感器。由于摆杆式油位传感器不耐振动、冲击，可靠性较差，因此干簧管式油位传感器正逐渐取代摆杆式油位传感器。

干簧管式油位传感器由抛光铝合金管制成的轴、可沿轴上下移动的环状磁性浮球及内部印制电路板组成。浮球内嵌有两条永久磁铁。印制电路板上焊接有一定数量的电阻与干簧管。所谓“干簧管”是由强磁材料制成的触点开关。其等效电路如图 7-13 所示。

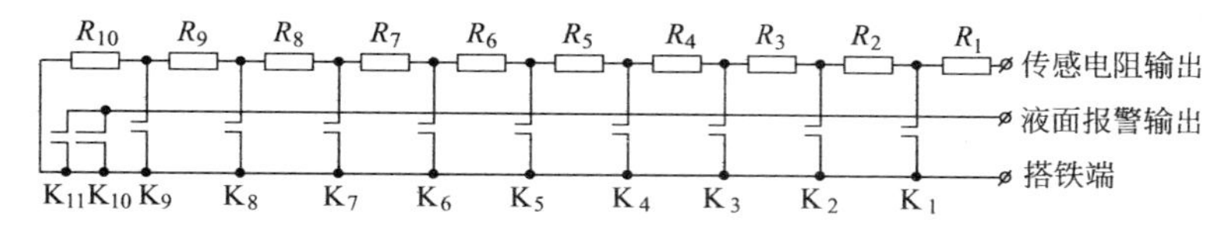

图 7-13　干簧管式油位传感器等效电路

K_1～K_{11} 为干簧管的触点开关，R_1～R_{10} 为电阻。磁性浮球的位置随燃油油位的变化而变化，使不同的触点开关闭合，从而改变传感器的输出电阻值（如 K_1 闭合时，输出电阻值为 R_1；K_2 闭合时，输出电阻值为 R_1+R_2；依此类推）。

（3）压力开关

装载机上的压力开关一般包括机油压力、变速油压、行车制动低压四个压力开关。

机油压力报警开关对机油压力进行监测，当机油压力过低时，压力开关触点闭合，机油压力项目指示灯闪烁报警，同时蜂鸣器报警。

变速油压报警开关对变速油压压力进行监测，当变速油压过低时，压力开关触点闭合，该红色项目指示灯闪烁报警，同时蜂鸣器报警。

行车制动低压报警开关检测点与蓄能器相通，如果蓄能器压力正常，压力油将行车制动低压报警开关触点顶开，仪表板上的行车制动低压报警灯熄灭，指示系统压力正常。

按下停车制动电磁阀开关，制动油进入停车制动油路，当压力达到一定数值时，压力油将停车制动低压报警开关触点顶开，仪表板上的停车制动低压报警灯熄灭，指示系统压力正常。

7.3.3　动磁式仪表故障判定

仪表系统故障原因不外乎仪表故障、传感器故障、线路故障三种情况。仪表故障与传感器故障一般都是直接更换仪表或传感器。线路故障主要有仪表的电源线、地线、传感线等短路、断路、接触不良等。下面提供一种简单实用的故障判定步骤：

① 将显示不正常的仪表（温度表、燃油表或压力表）的传感线从传感器接线柱上拆下，将传感器分别搭铁与悬空，如同时满足：

a. 搭铁时，温度表、燃油表显示满量程，压力表显示最小读数；

b. 悬空时，温度表、燃油显示最小读数，压力表显示满量程。

说明仪表与线路良好，传感器损坏，更换传感器即可。

② 否则，为仪表故障或线路故障，可用万用表检测仪表的“＋”、“－”“U”三个接线柱，如同时满足：

a. “＋”端电压为＋24V（严格来说，应是系统电压值）。

b. “－”至机器的电阻约为零（一般来说不超过1Ω）。

c. “U”至传感器接线柱的电阻约为零（一般来说不超过1Ω）。

说明线路良好，仪表损坏，更换仪表即可。

③ 否则，为线路故障，根据实际情况处理。

如果条件允许，还可以采用替代法来排除故障。所谓“替代法”，就是用好的仪表或传感器来替代机器上的指示不正常的仪表或传感器，进行故障判定的方法。

7.4 电气维修时的注意事项

在进行电气系统的维修时，应遵守以下注意事项，否则可能会引起更大的故障，造成经济损失甚至安全事故。

① 读懂线路原理图。原理图是电气系统各元器件工作时的相互关系图，只有读懂原理图，才能了解系统的功能以及发生故障时的影响，从而正确、快速地对故障现象做出判断，避免盲目大拆大卸，节约维修时间。

② 维修时，为了将导线和插接件断开，应先切断电源总开关。否则，将会导致线束损坏、熔断器熔断，有时甚至会因导线短路引起火灾。

③ 正确连接插接件。在连接插接件（特别是在插接件比较集中时）时，应仔细观察插接件的连接配对。插接件插错会引起无法预料的故障，甚至引起火灾。断开插接件时，应抓住

插接件本身并按住插接件的锁扣往两个方向分开，不能抓住导线硬拔。连接插接件时，要观察锁扣是否扣合。在检修防水插接件时，须特别注意不能让油、水进入插接件内部，否则，必须清洗并烘干后才能重新连接。

④ 发现导线或线束磨损时，应捆扎或更换。同时，应使线束避免硬折、硬弯；尽量远离其他运动部件，防止拉断与磨损；尽量远离油、水及高温部位（如发动机机体）；避免与锋利的金属棱角摩擦。

⑤ 正确使用熔断器。应使用相同规格的熔断器进行更换，不允许采用铜丝作应急处理。各类熔断器必须严格符合相关标准规定。价格低廉的伪劣熔断器不但不能起保护作用，反而可能会引起机器断路甚至整机烧毁。

⑥ 蓄电池的电解液是一种强酸，对人的皮肤、眼睛有很大的危害，一旦接触后应立即用大量清水清洗，严重时应及时到医院诊治。

⑦ 装载机内高温高压的液体或气体会造成严重的人身伤害。因此，在进行各类传感器与压力开关等的拆卸之前，应确认：装载机已熄火并且发动机、变速箱已充分冷却；不会有高压的液体或气体从接口喷出；佩戴防护眼镜与手套。

图 7-14 控制单元上的 X1 插接件

⑧ 在装载机上进行电焊维修，为避免电气部件可能遭受的损坏，应将装载机停在水平地面上，关闭电锁，将发动机熄火，拉起停车制动，并断开蓄电池电源总开关；不能使用装载机上电气部件的接地点作为焊机的接地点；在焊接前断开变速操纵控制单元的 X1 插接件，参见图 7-14。

第8章　装载机维护保养与故障排除

8.1　装载机的维护保养

装载机的维护保养，是预防性的保养，是最容易、最经济的保养，是延长装载机的使用寿命和降低成本的关键。对装载机而言，维护保养一般分为台时或台班（每天）保养和定期保养。而定期保养一般分为50小时保养，100小时保养、250小时保养、500小时保养、1000小时保养和2000小时保养。由于每个时间段内所保养的内容、范围、要求都不一样，所以是一种强制性的工作，时间一到是必须要做的。只有做，才能起到维护的目的。装载机进行维护保养的一般要求是：

① 将装载机停在水平地面上；

② 将变速箱控制杆置于空挡；

③ 将所有附件置于中位；

④ 拉起停车制动；

⑤ 关闭发动机；

⑥ 关闭启动机开关并将钥匙取出。

8.2　装载机维护保养及周期

(1) 每10小时（或每天保养）

① 绕机目视有无异常、漏油；

② 检查发动机机油油位；

③ 检查液压油箱油位；

④ 检查灯光及仪表；

⑤ 检查轮胎气压及损坏情况；

⑥ 向传动轴压注黄油及各种润滑油。

（2）每 50 小时（或一周）保养

① 紧固前后传动轴连接螺栓；

② 检查变速箱油位；

③ 检查制动加力器油位；

④ 检查紧急及停车制动，如不合适则进行调整；

⑤ 检查轮胎气压及损坏情况；

⑥ 向前后车架铰接点、后桥摆动架、中间支承，以及其他轴承压注黄油。

（3）每 100 小时（或半个月）保养

① 清扫发动机缸头及变矩器油冷却器；

② 检查蓄电池液位，在接头处涂一薄层凡士林或黄油；

③ 检查液压油箱油位。

（4）每 250 小时（或一个月）保养

① 检查轮辋固定螺栓并拧紧；

② 检查前后桥油位；

③ 检查工作装置、前后车架各受力焊缝及固定螺栓是否有裂纹及松动；

④ 更换发动机机油（根据不同的质量及发动机使用情况而定）；

⑤ 检查发动机风扇皮带、压缩机及发电机皮带松紧及损坏情况；

⑥ 检查调整脚制动及紧急停车制动。

（5）第 500 小时（或三个月）保养

① 紧固前后桥与车架连接螺栓；

② 必须更换发动机机油，更换机油滤芯；

③ 检查发动机气门间隙；

④ 清洗柴油箱加油及吸油滤网。

(6) 每1000小时（或半年）保养

① 更换变速箱油，清洗滤油器及油底壳，更换或清洗透气盖里的铜丝；

② 更换发动机的柴油滤清器；

③ 检测各种温度表、压力表；

④ 检查发动机进排气管的紧固情况；

⑤ 检查发动机的运转情况；

⑥ 更换液压油箱的回油滤芯。

(7) 每2000小时（或一年）保养

① 更换前后桥齿轮油；

② 更换液压油，清洗油箱及加油滤网；

③ 检查脚制动及停车制动工作情况，必要时拆卸检查摩擦片磨损情况；

④ 清洗检查制动加力器密封件和弹簧，更换制动液，检查制动的灵敏性；

⑤ 通过测量油缸的自然沉降量，检查分配阀及工作油缸的密封性；

⑥ 检查转向系统的灵活性。

8.3 装载机常见故障与排除

8.3.1 柴油机的常见故障与排除

(1) 柴油机不能启动（表8-1）

(2) 柴油机功率不足（表8-2）

(3) 排气烟色不正常（表8-3）

(4) 机油压力不正常（表8-4）

(5) 机油温度过高，耗量太大（表8-5）

表 8-1　柴油机不能启动故障及排除方法

序号	故障特征和产生原因	排除方法
1	燃油系统故障：柴油机被启动电机带动后不发火，回油管无回油：	
	1)燃油系统中有空气	1)检查燃油管路接头是否拧紧，排除燃油系统中的空气，首先旋开喷油泵和燃油滤清器上的放气螺钉，用手泵泵油，直至所溢出的燃油中无气泡后旋紧放气螺钉，再泵油，当回油管中有回油时，再将手泵旋紧。松开高压油管在喷油器一端的螺母，撬高喷油泵弹簧座，当管口流出的燃油中无气泡后旋紧螺母，然后再撬几次，如此逐缸进行，使各缸喷油器中充满燃油。
	2)燃油管路阻塞	2)检查管路是否畅通
	3)燃油滤清器阻塞	3)清洗滤清器或调换滤芯
	4)燃油泵不供油或断续供油	4)检查进油管是否漏气，进油管接头上的滤网是否堵塞。如排除后仍不供油，应检查进油管和输油泵
	5)喷油很少，喷不出油或喷油不雾化	5)将喷油器拆出，接在高压油泵上，撬喷油泵柱塞弹簧，观察喷雾情况必要时应拆洗。检查并在喷油器试验台上调整喷油压力至规定范围或更换喷油器偶件
	6)喷油泵调速器操纵手柄位置不对	6)启动时应将油门位置调到怠速

续表

序号	故障特征和产生原因	排 除 方 法
2	电启动系列故障 1)电路接线错误或接触不良 2)蓄电池电力不足 3)启动电机电刷与换向器没有接触或接触不良	1)检查接线是否正确和牢靠 2)用电力充足蓄电池或增加蓄电池并联使用 3)修整或调换炭刷,用木砂纸清理换向器表面,并吹净,或调整刷簧的压力
3	气缸内压缩力不足:喷油正常但不发火,排气管内有燃油: 1)活塞环或缸套过度磨损 2)蓄电池电力不足 3)存气间隙或燃烧室容积过大	1)更换活塞环,视磨损情况更换气缸套 2)门座的密封性,密封不好应修理和研磨 3)检查活塞是否属于该机型的,必要时应测量存气间隙或燃烧室容积
4	喷油提前角过早或过迟,甚至相差 180°:柴油机喷油不发火或发火一下又停车	检查喷油泵传动轴接合盘上的刻线是否正确或松弛,不符合要求应重新调整
5	配气相位不对	检查配气相位
6	环境温度过低,启动马达运转时间长且柴油机不能启动	根据实际环境温度,采取相应的低温启动措施

表 8-2 柴油机功率不足故障及排除方法

序号	故障特征和产生原因	排除方法
1	燃油系统故障：加大油门后功率或转速仍提不高： 1)燃油管路、燃油滤清器进入空气或阻塞 2)喷油泵供油不足 3)喷油器雾化不良或喷油压力低	1)按前述方法排除空气或更换燃油滤清器芯子 2)检查修理或更换偶件 3)进行喷雾观察或调整喷油压力，并检查喷油嘴偶件或更换
2	进、排气系统故障：比正常情况下排温较高，烟色较差： 1)空气滤清器阻塞 2)排气管阻塞或接管过长，半径太小，弯头太多	1)清洗空气滤清器芯子或清除纸质滤芯上的灰尘，必要时应更换；以及检查机油平面是否正常 2)清除排气管内积炭，重装排气接管，弯头不能多于三个，并有足够的排气截面
3	喷油提前角或进、排气相位变动，各挡转速下性能变差	检查喷油泵传动轴两个螺钉是否松动，并应校正喷油提前角后拧紧，必要时进行配气相位和气门间隙检查
4	柴油机过热，环境温度过高；机油和冷却水温度很高，排气温度也大大增高	检修冷却器和散热器，清除水垢；检查有关管路是否管径过小，如环境温度过高应改善通风，临时加强冷却措施

续表

序号	故障特征和产生原因	排除方法
5	气缸盖组件故障；此时功率不足，性能下降，而且有漏气，进气管冒黑烟，有不正常的敲击声等现象： 1)气缸盖与机体结合面漏气变速时有一股气流从衬垫处冲出；气缸盖大螺柱螺母松动或衬垫损坏 2)进、排气门漏气 3)气门弹簧损坏 4)气门间隙不正确 5)喷油孔漏气或其铜垫圈损坏活塞环卡住，气门杆咬住引起气缸压缩压力不足	1)按规定扭矩拧紧大螺柱螺母或更换气缸盖衬垫，必要时修刮接合面 2)拆检进、排气门，修磨气门与气门座配合面 3)更换已损坏的弹簧 4)重校气门间隙至规定值 5)拆下检修，清理并更换已损坏的零件
6	连杆轴瓦与曲轴连杆轴颈表面咬毛；有不正常声音，并有机油压力下降等现象	拆卸柴油机侧盖板，检查连杆大头的侧向间隙，看连杆大头是否能前后移动。如不能移动则表示咬毛，应修磨轴颈和更换连杆轴瓦
7	涡轮增压器故障；出现转速下降；进气压力降低；漏气或不正常的声音等： 1)增压器轴磨损，转子有碰擦现象 2)压气机、涡轮的进气管路沾污、阻塞或漏气	1)检修和更换轴承 2)清洗进气道、外壳、揩净叶轮；拧紧接合面螺母、夹箍等

表 8-3 柴油机排气烟色不正常故障及排除方法

序号	故障特征和产生原因	排除方法
1	排气冒黑烟 1)柴油机负荷超过规定 2)各缸供油量不均匀 3)气门间隙不正确、气门密封不良,导致排气门漏气 4)喷油提前角太小,喷油太迟使部分燃油在排气管中燃烧 5)进气量不足;空气滤清器或进气管阻塞,涡轮增压器压气机壳过脏等 6)涡轮增压器弹力气封环烧损或磨损,涡轮各接合面漏气等	1)降低负荷使之在规定范围内 2)调整喷油泵 3)调整气门间隙,检查密封锥面,并消除缺陷 4)调整喷油提前角 5)清洗和清除尘埃物,必要时更换滤芯 6)检查或更换气封环;拧紧接合面螺钉
2	排气冒白烟: 1)喷油器喷油雾化不良,有滴油现象,喷油压力过低 2)柴油机刚启动时,个别气缸内不燃烧(特别是冬天)	1)检查喷油嘴偶件,进行修磨或更换,重调喷油压力于规定范围 2)适当提高转速及负荷,多运转一些时间
3	排气冒蓝烟: 1)空气滤清器阻塞,进气不畅或其机油盘内机油过多(油浴式空滤器) 2)活塞环卡住或磨损过多,弹性不足,安装时活塞环倒角方向装反,使机油进入燃烧室 3)长期低负荷(标定功率的40%以下)运转,活塞与缸套之间间隙较大,使机油易串入燃烧室 4)油底壳内机油加入过多	1)拆检和清理空气滤清器,减少机油至规定平面 2)适当提高转速及负荷,多运转一些时间 3)行当提高负荷;配套时选用功率要适当 4)按机油标尺刻线加注机油
4	排气中有水分凝结现象;气缸盖裂缝,使冷却液进入气缸	更换气缸盖

表 8-4　柴油机机油压力不正常故障及排除方法

序号	故障特征和产生原因	排除方法
1	机油压力下降，调压阀再调整也不正常，同时压力表读数波动： 1)机油管路漏油； 2)机油泵进空气，油底壳中机油不足 3)曲轴推力轴承、曲轴输出法兰端油封处，凸轮轴承和连杆轴瓦处泄油严重 4)机油冷却器或机油滤清器堵塞；冷却器油管破裂等；机油密封垫处泄油或吹片	1)检修、拧紧螺母 2)加注机油至规定平面 3)检修各处，磨损值超过规定范围时应更换 4)及时清理，焊补或调换芯子。如离心式机油精滤器中有铝屑即表示连杆轴瓦金属剥落，应及时拆检连杆轴瓦，损坏的应更换；及时检查和更换密封垫片
2	无机油压力，压力表指针不动： 1)机油压力表损坏 2)油道阻塞 3)机油泵严重损坏或装配不当卡住 4)机油压力调压阀失灵，其弹簧损坏	1)更换 2)检修清理后吹净 3)拆检后进行间隙调整，并作机油泵性能试验 4)更换弹簧，修磨调压阀密封面

表 8-5　柴油机机油温度过高、耗量太大故障及排除方法

序号	故障特征和产生原因	排除方法
1	油温表读数超过规定值，加强冷却后仍较高，同时排气冒黑烟： 1)柴油机负荷过重 2)机油冷却器或散热器阻塞 3)冷却水量或风扇风量不足 4)机油容量不足	1)降低负荷 2)清洗冷却器或散热器油路 3)注意使冷却水畅通和调整V带张紧力使水泵和风扇达到规定转速 4)加注机油至规定平面

续表

序号	故障特征和产生原因	排除方法
2	油底壳中机油平面下降较快，油色较黑，通气管加油口冒黑烟，排气冒蓝烟： 1)使用的机油牌号不当 2)活塞环被粘住或磨损过重、气缸套磨损过重使机油串入燃烧室，燃气进入曲轴箱 3)活塞上油环回油孔被积炭阻塞 4)增压柴油机涡轮增压器弹力密封装置失效 5)长期处于低负荷运行	1)规定牌号选用 2)更换活塞环，必要时更换气缸套 3)清理积炭，更换油环 4)拆下弹力气封环，检查其是否烧结或弹性失效。损坏应更换 5)适当提高负荷

(6) 出水温度过高（表 8-6）

表 8-6　柴油机出水温度过高故障及排除方法

序号	故障特征和产生原因	排除方法
1	水管中有空气；柴油机启动后出水管不出水或水量很少，水温不断上升	松开出水管上的温度表接头，放尽空气到出水畅通为止，拧紧水管路中各接头
2	循环水量不足；在高负荷下出水温度过高，机油温度也升高： 1)水泵或风扇转速达不到 2)水泵叶轮损坏 3)水泵叶轮与壳体的间隙过大 4)开式循环中，水源水位过低，水泵吸不上水 5)闭式循环中，散热器水量不足 6)水管路阻塞	1)调整 V 带张紧力至规定值 2)更换 3)调整间隙至规定值 4)提高水源水位 5)添加冷却水 6)清理管路，清除冷却水道中的积垢
3	闭式循环中，散热器表面积垢太多，影响散热	清除积垢后，清洗表面
4	节温器失灵	更换
5	水温表不正确	修理或更换
6	气缸套肩胛处有裂纹；此时散热器内冷却水不翻泡现象	更换气缸套

8.3.2　装载机传动系统故障与排除

(1) 装载机变速器总成常的五大类型故障特征（表 8-7）

表 8-7 ZL50 型轮式装载机变速器总成故障表

序号	故障特征		原 因	排除方法	说 明
1	变速压力低	各挡变速压力均低	1)变速箱油池油位过低 2)主油道漏油 3)变速箱滤油器堵塞 4)变速泵失效 5)变速操纵阀调压阀调压不当 6)变速操纵阀调压阀弹簧失效或被卡 7)变速操纵阀蓄能器活塞被卡或进蓄能器油路堵塞 8)切断阀杆卡死在切断位置 9)切断阀弹簧损坏卡死在切断位置 10)没有压缩空气进入变速操纵阀气阀A腔(图8-1) 11)弹性板损坏或弹性板连接螺栓松脱 12)油压表读数不准	1)加油到规定油位 2)检查主油道并排除 3)清洗或更换滤油器 4)拆开检查或更换变速泵 5)检查调压阀并重新装调 6)更换调压阀弹簧或拆检消除卡的现象 7)拆检并消除卡的现象,或检查进蓄能器油路 8)检查并消除卡的现象 9)更换切断阀弹簧 10)检查A腔无压缩空气的原因,并给予排除(详细见制动系统故障部分) 11)更换弹性板或装上并紧固弹性板连接螺栓 12)调整或更换油压表	一般情况下故障出在变速操纵阀及其以前部分,因此一般不检查变矩器、变速箱部分

续表

序号	故障特征		原　因	排除方法	说　明
1	变速压力低	某个挡变速压力低	1)该挡活塞密封环损坏 2)该油路中密封圈损坏 3)该挡油道漏油 4)在箱体上的倒挡油缸裂纹 5)Ⅱ挡活塞上导向销脱落	1)更换密封环 2)更换密封圈 3)检查该挡油道漏油原因并排除 4)更换箱体 5)重新装好导向销	一般情况下故障出现在变速箱部分
2	变速器油温过高		1)变速箱油池油位过低 2)变速箱油池油位过高 3)变速压力低离合器打滑 4)变矩器油散热器堵塞 5)变矩器连续高负荷工作时间太长 6)散热器风扇皮带永久变形而松弛 7)散热器风扇皮带张紧装置失效 8)散热器表面太脏 9)变矩器旋转密封环泄漏量过大 10)变矩器进回油压力过低 11)离合器片过度磨损挂挡打滑 12)离合器片分离不彻底未挂挡时产生不正常磨擦 13)离合器片翘曲变形 14)变矩器叶轮异常摩擦	1)加油到规定油位 2)放油到规定油位 3)见“变速压力低”部分 4)清洗或更换散热器 5)适当停车冷却 6)一次性同时全部换新皮带 7)更换或修复皮带张紧装置 8)清除干净散热器表面或更换新散热器 9)更换密封环，修复齿轮与导轮密封面或更换 10)更换进油阀弹簧 11)按规定更换摩擦片 12)排除引起分离不彻底的原因 13)更换离合器片 14)找出松动之处，排除异常摩擦，必要时修复或更换叶轮	

续表

序号	故障特征	原因	排除方法	说明
3	发动机高速运转，车开不动	1)未挂上挡 2)变速压力过低，几乎为零 3)中间输入轴花键损坏 4)直接挡连接盘花键断裂 5)中间输出齿轮连接螺栓剪断	1)重新推到挡位或重新调整变速操纵杆系 2)见“变速压力低”部分的1)、2)、3)、4)、8)、9)、10)、11) 3)更换中间输入轴 4)更换直接挡连接盘 5)重新装上连接螺栓	
4	驱动力不足	1)变速压力过低 2)变矩器油温过高 3)变矩器叶轮损坏 4)大超越离合器损坏 5)发动机输出功率不足 6)驱动桥故障 7)制动器未松开 8)液压系统安全阀打开未回位	1)见“变速压力低”部分 2)见“变速器油温过高”部分 3)拆检变矩器并更换叶轮 4)拆检大超越离合器并更换被损坏零件 5)检修发动机 6)见“驱动桥”部分 7)见“制动系统”部分 8)检查调整液压系统分配阀主安全阀	
5	变速箱油位增高	1)转向泵轴端窜油 2)工作液压系统工作泵轴端窜油	1)更换转向泵轴端油封 2)更换工作泵轴端油封	

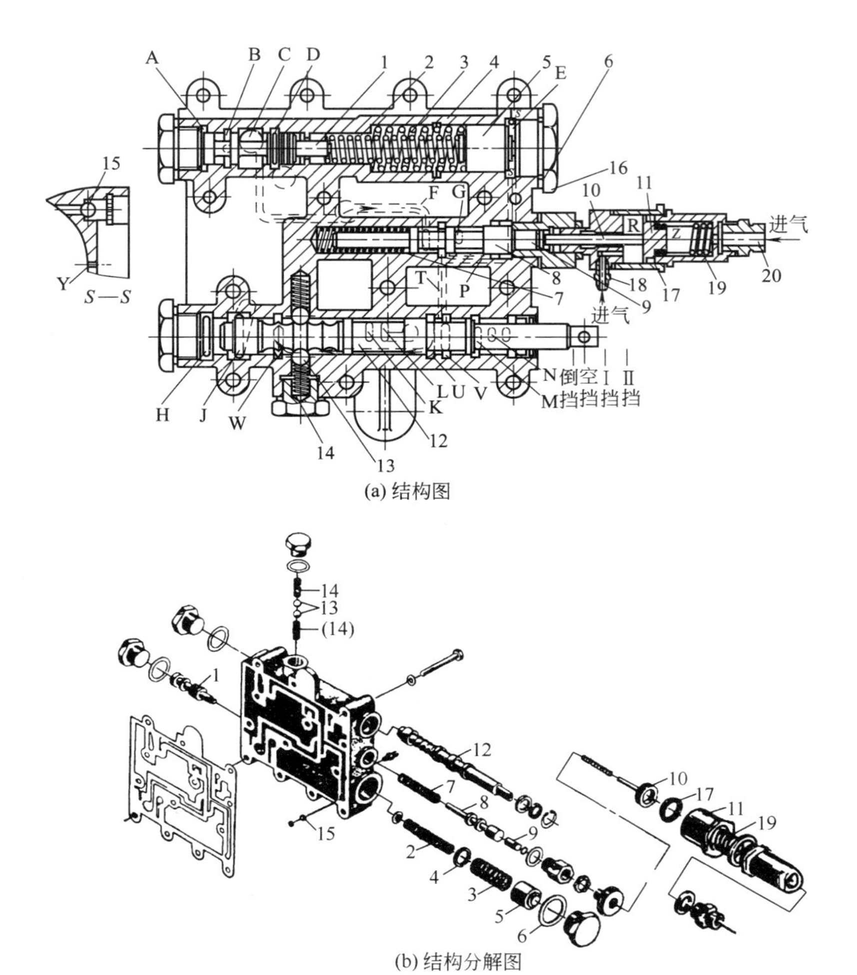

(a) 结构图

(b) 结构分解图

图 8-1　变速操纵阀

1—减压阀杆；2,3,7,14,19—弹簧；4—调压阀；5—柱塞；6—垫圈；8—刹车阀杆；9—圆柱塞；10—气阀杆；11—气阀体；12—分配阀杆；13—钢球；15—单向节流阀；16—螺塞；17—皮碗；18,20—接头

(2) 装载机驱动桥故障

主要有异常响声、温度过热、漏油、驱动行走无力等，其主要特征、产生的原因及排除方法见表 8-8。

表 8-8 ZL50 型轮式装载机驱动桥故障及排除

序号	故障特征	原因	排除方法
1	异常响声	1)主从动螺旋锥齿轮间隙不当 2)主从动螺旋齿轮齿面损坏 3)轴承间隙调整不当 4)差速器行星齿轮垫片或半轴齿轮垫片过度磨损 5)差速器齿轮或十字轴损坏 6)油加错(如 ZF 桥)	1)重新调整啮合间隙 2)更换螺旋锥齿轮 3)重新调整轴承间隙 4)更换行星齿轮或半轴齿轮垫片 5)检查更换差速器齿轮或十字轴 6)按要求加油
2	过热	1)油过少 2)齿轮、轴承间隙调整不同 3)制动器未脱开	1)按要求加满油 2)见序号 1 中的 1)、2) 3)见制动部分
3	漏油	1)主传动桥与桥壳结合面漏油 2)轮边支承轴与轮毂间密封漏油 3)图 8-2 中的端盖 26 处漏油 4)输入法兰骨架油封漏油	1)拧紧图 8-2 的螺栓 2 或更换图 8-3 的密封垫 3 2)更换图 8-2 的骨架油封 7 3)拧紧图 8-2 的螺栓 32 或更换密封垫 29 4)检查并更换图 8-4 的骨架油封 8
4	桥驱动无力	1)半轴或轮边支承轴断裂 2)主传动齿轮或轴承严重损坏 3)轮边减速器齿轮或轴承严重损坏	1)检查并更换半轴及修理或更换桥壳与轮边支承轴总成 2)检查并更换齿轮或轴承 3)检查并更换齿轮或轴承

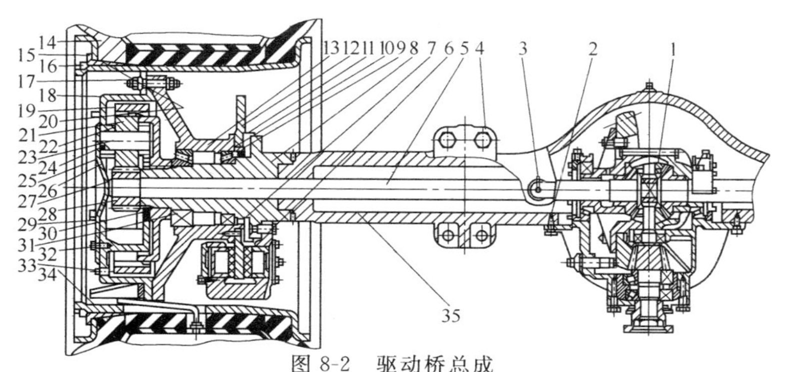

图 8-2 驱动桥总成

1—主传动器；2,4,32—螺栓；3—透气管；5—半轴；6—盘式制动器；7—油封；8—轮边支承轴；9—卡环；10,31—轴承；11—防尘罩；12—制动盘；13—轮毂；14—轮胎；15—轮辋轮缘；16—锁环；17—轮辋螺栓；18—行星轮架；19—内齿轮；20,27—挡圈；21—行星轮；22—垫片；23—行星齿轮轴；24—钢球；25—滚针轴承；26—盖；28—太阳轮；29—密封垫；30—圆螺母；33—螺塞；34—轮辋；35—桥壳

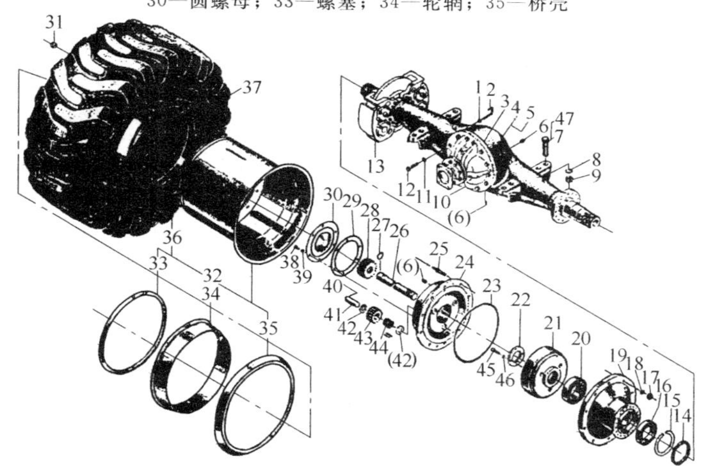

图 8-3 驱动桥组成

1,17—螺母；2—透气管；3,42—垫片；4—后桥壳体；5—前桥壳体；6—螺塞；7—后桥安装螺栓；8,11,18,39,46—垫圈；9—厚螺母；10—驱动桥主传动；12,38—螺栓；13—盘式制动器；14—双口骨架油封；15—卡环；16—圆锥滚子轴承；19—轮毂；20—圆锥滚子轴承；21—内齿轮；22—圆螺母；23—O形密封圈；24—行星架；25—轮辋螺栓；26—半轴；27,34—挡圈；28—太阳轮；29—密封垫；30—端盖；31—轮辋螺母；32—轮胎轮辋总成；33—锁环；35—轮辋轮缘；36—轮胎总成；37—轮辋；40—钢球；41—行星齿轮轴；43—行星齿轮；44—滚针；45—螺钉；47—前桥安装螺栓

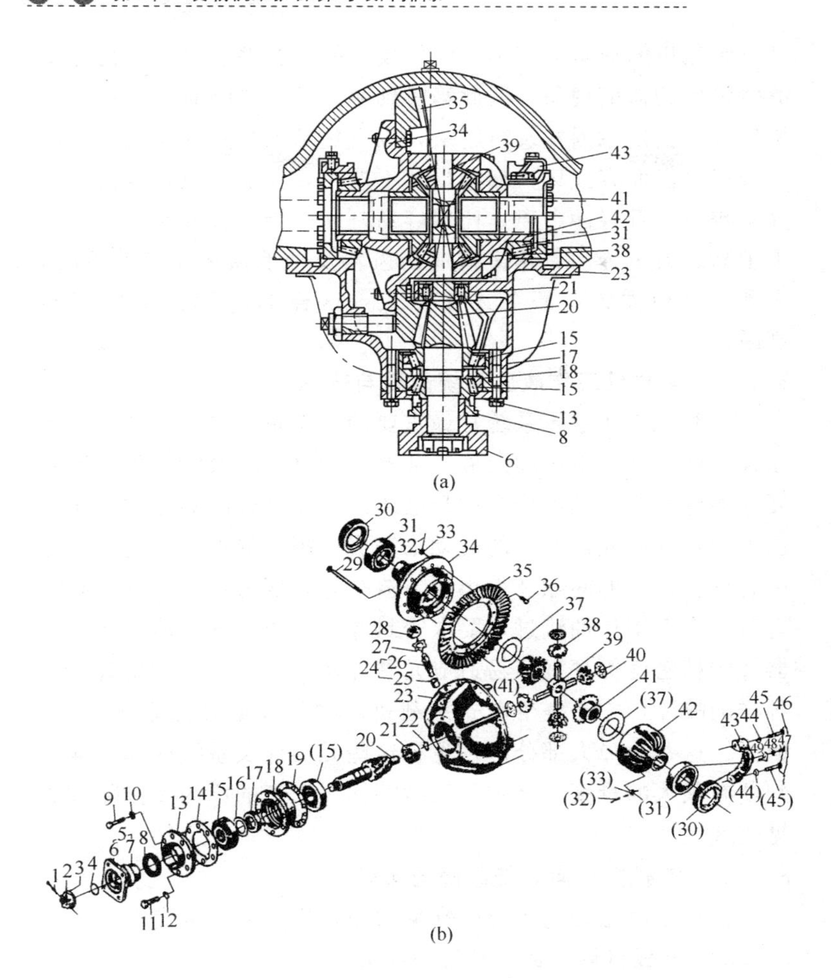

图 8-4　主传动器

1—开口销；2,3—带槽螺母；4—O形密封环；5—输入法兰；6—法兰；7—防尘盖；8—骨架油封；9,11,36,45,47—螺钉；10,12,44,48—垫圈；13—密封盖；14—垫密片；15,31—圆锥滚子轴承；16—垫片；17—轴套；18—轴承套；19—调整垫片；20—主动螺旋锥齿轮；21—圆柱滚子轴承；22—挡圈；23—托架；24—止推螺栓；25—铜套；26,29—螺栓；27—锁紧片；28,33—螺母；30—调整螺母；32—销；34—差速器右壳；35—从动大螺旋锥齿轮；37—半轴齿轮垫片；38—锥齿轮；39—十字轴；40—锥齿轮垫片；41—半轴锥齿轮；42—差速器左壳；43—轴承座；46—保险铁丝

装载机的异常响声是桥经常发生的综合性故障，它是许多故障发生的初期现象，因此当听到驱动桥有异响时，一定要停机检查，找出原因并及时解决，以避免更大故障的发生。如螺旋锥齿轮齿面有损坏，初期损坏不严重，还能作业，但会发出异常响声，且有冲击声，比较容易判断。当半轴或轮边减速支承轴断裂或主传动、轮边减速器齿轮及轴承损坏比较严重时，表现为驱动无力，甚至无法行走，这样的故障也比较容易判断。

8.3.3 装载机工作液压系统故障与排除

装载机工作液压系统是最重要的工作系统之一，主要由液压泵、液压缸、液压阀及液压油箱、操纵系统及管路附件等主要元器件组成，其工作介质是液压油。油有很高的压力，通过压力油在这些元器件中的流动来完成所担负的工作。这些元件中有许多很小的间隙及很小的节流孔等，压力油要流过，同时有时接合面不让油流过，要求密封等，液压系统的清洁度、元器件的精密度等都极容易造成元器件及整个液压系统出现各种各样的故障，它是整个轮式装载机出现故障最多的系统之一。因为，这些故障大部分都发生在这些元器件及系统内部，准确判断有很大的难度，其主要故障特征、生产的原因及排除方法见表 8-9。

8.3.4 装载机转向系统故障与排除

普通全液压转向系统的常见故障及排除方法见表 8-10。

8.3.5 装载机制动系统故障与排除

装载机的行车制动一般都采用气顶油四轮钳式制动，停车制动采用蹄式制动。制动系统的主要故障特征及排除方法见表 8-11。

表 8-9 ZL50 型轮式装载机工作液压系统故障及排除

序号	故障特征		原因	排除方法
1	系统压力低，引起整个工作装置工作无力，即动臂、转斗均无力或动作缓慢	工作油泵失效	1)泵体与前后泵盖之间的及轴承处的O形密封圈损坏 2)骨架油封损坏漏油 3)齿轮、侧板、泵体、密封环严重磨损 4)轴承损坏	1)更换O形密封圈 2)更换骨架油封 3)修复齿轮、侧板、泵体、密封环或更换新件 4)更换轴承
		工作油泵吸油不畅	1)弹性板损坏或弹性连接螺栓松脱 2)吸油滤网被堵塞 3)吸油管老化、变质、吸不上油	1)更换弹性板或装上并紧固弹性板连接螺栓 2)清洗吸油滤网或更换 3)更换吸油管
		工作油泵输入动力被切断	1)弹性板损坏或弹性连接螺栓松脱 2)工作油泵驱动轴部分损坏 3)工作油泵驱动轴轴承损坏 4)驱动工作油泵齿轮副损坏	1)更换弹性板或装上并紧固弹性板连接螺栓 2)更换驱动油泵轴 3)更换轴承 4)更换齿轮

续表

序号	故障特征		原因	排除方法
1	系统压力低，引起整个工作装置工作无力，即动臂、转斗均无力或动作缓慢	分配阀主安全阀失效	1)分配阀主安全阀调压不当，偏低 2)主阀芯与阀座之间O形圈损坏 3)分阀主安全阀卡死在泄油位置 4)分配阀主安全阀阀芯与阀之间配合面不密封，泄漏量过大 5)分配阀主安全阀失效或损坏 6)分配阀主安全阀中心孔阻压孔被堵塞 7)导阀芯锥面与阀座孔不密封 8)导阀调压弹簧失效或损坏	1)重新按规定调好安全阀压力 2)更换O形密封圈 3)清洗主安全阀，清除主安全阀卡死现象 4)重新修复主安全阀阀芯与阀座之间的密封面，保证其密封 5)更换主安全阀调压弹簧 6)清除脏物，使其畅通 7)修复密封锥面及阀孔配合面，或更换阀座阀芯 8)更换导阀调压弹簧
		系统油温过高	1)工作油泵失效 2)工作油泵吸油不畅 3)分配阀主安全阀长时间处于打开状态 4)液压油散热器散热不足 5)环境温度超过散热能力	1)见序号1“工作油泵失效”部分 2)见序号1“工作油泵失效”部分 3)注意正确操作或检查并消除卡的现象 4)散热器风扇皮带永久变形而松弛，或张紧装置失效，或表面太脏 5)停机休息，待油温正常后再工作。长期在这样环境工作，让制造企业专门设计散热系统

续表

序号	故障特征		原因	排除方法
2	动臂操作无力，转斗正常	动臂油缸内泄漏	1)动臂油缸活塞密封圈损坏 2)动臂油缸拉缸 3)动臂油缸内孔严重磨损	1)更换密封圈 2)修复或更换油缸筒 3)修复或更换油缸筒
		分配阀动臂滑阀联故障	1)分配阀动臂滑阀与阀体配合孔之间间隙过大 2)分配阀动臂油阀卡死在泄油位置 3)分配阀定位钢球及压紧钢球弹簧失效定位不准 4)分配阀动臂阀杆操纵软轴未到位	1)修复或更换动臂滑阀，使其与阀体孔配合间隙达到要求 2)拆检清洗动臂滑阀，清除卡阀现象 3)检查定位钢球及弹簧定位不准的原因，并予以排除 4)调整操纵软轴，使其到位
3	转斗操作无力，动臂操作正常	转斗油缸内泄漏	1)转斗油缸活塞密封圈损坏 2)转斗油缸拉缸 3)转斗油缸内孔严重磨损 4)双作用安全阀失灵	1)更换密封圈 2)修复或更换油缸筒 3)修复或更换油缸筒 4)检查、调整、修复双作用安全阀
		分配阀转头号滑阀故障	1)分配阀转斗滑阀与阀体配合孔之间间隙过大 2)分配阀转斗滑阀卡死在泄油油位 3)分配阀转斗阀回位弹簧失效或损坏 4)分配阀转斗阀阀杆操纵软轴未到位	1)修复或更换转斗滑阀，使其与阀孔配合间隙达到要求 2)拆检清洗转斗滑阀，清除卡阀现象 3)更换转斗滑阀回位弹簧 4)调整操纵软轴，使其到位

续表

序号	故障特征		原因	排除方法
4	爆管		1)分配阀主安全阀调整不当,压力过高 2)高压软管老化或质量差 3)高压软管扣压不合质量要求	1)重新按要求调整系统压力 2)更换高压软管 3)更换高压软管
5	传动及工作液压系统油位升高	传动液压系统油位升高	1)工作油泵骨架油封损坏 2)转向油泵骨架油封损坏	1)更换工作油泵骨架油封 2)更换转向油泵骨架油封
		工作液压系统油位升高	变速油泵骨架油封损坏	更换变速油泵骨架油封

表 8-10 转向系统的常见故障及排除方法

故障	发生原因	现象	排除方法
转向沉重费力	油泵供油不足	慢转转向盘轻,快转转向盘沉	检修或更换油泵
	油路系统中有空气	油中有泡沫,转向盘转动时,油缸时动时不动	排除系统中空气并检查吸油管是否松动漏气
	转向器内钢球单向阀失效	快转与慢转转向盘均沉重,并且转向无压力	如有脏物卡住钢球,应进行清洗,如阀体密封带与钢球接触不良,用钢球冲击之,此外,检修稳流阀
	阀块中溢流阀压力低于工作压力,溢流阀被脏物卡住或失效,密封圈损坏	轻负荷转向轻,增加负荷转向沉	调整溢流阀压力,或清洗阀更换弹簧或密封圈

续表

故障	发生原因	现象	排除方法
转向沉重费力	1)油温太低 2)转向泵压力低 3)全液压转向器计量马达部分螺栓拧得太紧	转向费力	1)升温后工作 2)按规定调节溢流阀块压力 3)将螺栓放松
	车子转向慢	转向泵流量不足	检修或更换转向泵
其他故障	转向器内弹簧片折断	转向盘不能自动回中	更换已断弹簧片(有备件)
	转向器内拨销折断或变形	压力振摆明显,甚至不转动	更换拨销
	阀块中双向缓冲阀失灵	车辆跑偏或转动转向盘时,油缸缓动或不动	清洗双向缓冲阀或更换弹簧,密封圈
	转动转向盘时车子不转向	转向器有故障	检修或更换转向器
	1)司机不能操作 2)转向盘自转	1)转向器阀套卡死 2)转向器弹簧片断	1)清除阀内异物 2)更换弹簧片
	转向泵噪声大,转向缸动作缓慢	1)转向油路内有空气 2)转向泵磨损,流量不足 3)油的黏度不够 4)液压油不够	1)发动车子,多次左、右转向 2)更换转向泵 3)按正确牌号换油 4)加足液压油

表 8-11　制动系统的主要故障特征及排除方法

序号	故障特征	故障原因	排除方法
1	行车制动力不足，制动距离过长	1)部件、管路漏气、漏油 2)加力器储油室内的制动液不足 3)摩擦片已到磨损极限 4)制动阀的密封片(或鼓膜损坏) 5)制动阀的活塞生锈卡滞 6)加力器的气活塞卡死，气活塞或油活塞的密封件损坏 7)加力器储油室加油口盖顶的透气孔堵塞 8)制动分泵漏油 9)制动分泵活塞卡死 10)制动液压管路中有空气 11)系统气压低 12)轮毂处漏油，摩擦片上的油污	1)检查部件、管路密封性 2)添加制动液 3)更换摩擦片 4)更换制动阀 5)清洗制动阀，并在活塞外围涂抹少许润滑脂 6)清洗加力器、更换密封件 7)清洗加油口盖 8)更换分泵矩形密封圈 9)清洗制动器 10)进行系统排气 11)检查空压机、压力控制与油水分离装置和单向阀 12)检查或更换轮毂油封，更换摩擦片
2	行车制动不能正常解除，夹钳抱死或摩擦片拖带	1)制动液压管路中有空气 2)气制动阀踏板行程的限位不合适 3)双管路气制动阀顶杆位置不对，活塞杆被卡住 4)气制动阀活塞卡滞或回位弹簧损坏 5)加力器的气活塞或油活塞卡死、复位弹簧损坏或回油口堵塞 6)制动分泵活塞卡死，解除制动时不能回位	1)进行系统排气 2)重新调整踏板行程的限位 3)重新调整顶杆位置 4)拆检、清洗气制动阀 5)拆检、清洗加力器 6)拆检、清洗行车制动器

续表

序号	故障特征	故障原因	排除方法
3	解除行车制动后挂不上挡	1)气制动阀踏板行程的限位不合适 2)双管路气制动阀顶杆位置不对,活塞杆卡住 3)气制动阀的活塞卡滞或回位弹簧损坏	1)重新调整踏板行程的限位 2)重新调整顶杆位置 3)拆检、清洗气制动阀
4	发动机熄火、停车制动后系统压力迅速下降(30min气压降超过0.1MPa)	1)气制动阀进气口密封面有脏物,或活塞卡滞,使得进气口不能完全关闭 2)管路头松动或管路破损 3)组合阀、空气罐、单向阀、气制动阀或紧急和停车制动控制阀泄漏	1)连续制动几次吹掉脏物,或拆洗气制动阀 2)拧紧接头或更换管子 3)逐一检查系统元件,找出故障元件后寻找泄漏原因,必要时更换
5	制动用气以后,系统压力上升缓慢	1)管接头松动或管路破损 2)空气压缩机工作不正常,供气不足 3)油水分离器放油螺塞未关紧 4)组合阀(或压力控制器)、空气罐、单向阀、紧急和停车制动控制阀或快放阀泄漏	1)拧紧接头或更换管子 2)检查空气压缩机工作情况 3)重新关紧 4)逐一检查系统元件,找出故障元件后寻找泄漏原因,必要时更换
6	行车过程中,制动后机器跑偏或制动时机器跑偏	1)制动后机器跑偏,是由于一侧车轮行车制动器的制动分泵活塞卡死,解除制动时不能回位 2)制动时机器跑偏,是由于侧车轮行车制动器的摩擦片严重磨损	1)拆检、清洗故障行车制动器,更换矩形密封圈 2)更换摩擦片

续表

序号	故障特征	故障原因	排除方法
7	紧急和停车制动控制阀的阀杆不能按下	1)系统气压过低(低于0.4MPa) 2)紧急和停车制动控制阀的密封圈损坏或排气口密封面有脏物,使得排气口不能完全关闭 3)紧急和停车制动控制阀的阀杆或阀体锈蚀,导致阀杆卡滞	1)检查系统,寻找气压过低的原因 2)拆检、清洗紧急和停车制动控制阀 3)拆洗紧急和停车制动控制阀
8	停车制动力不足,机器溜坡	1)制动鼓与摩擦片的间隙过大 2)摩擦片上有油污或已到磨损极限 3)制动气室活塞卡滞或复位弹簧损坏,导致制动时制动气室活塞杆行程不到位,摩擦片与制动鼓接触面积不足	1)按使用要求重新调整 2)清洗或更换摩擦片 3)拆检、清洗制动气室
9	停车制动摩擦片烧伤	1)制动鼓与摩擦片的间隙过小,解除制动后,制动鼓与摩擦片没有完全脱开 2)紧急和停车制动控制阀、快放阀或制动气室泄漏,或者制动气室活塞卡滞,导致活塞杆行程不到位,造成制动鼓与摩擦片不能完全脱离	1)按使用要求重新调整 2)逐一检查系统元件,找出故障元件后寻找泄漏原因,必要时更换

1　刘良臣．装载机维修图解手册．南京：江苏科学技术出版社，2007
2　杨占敏，王智明，张春秋等．轮式装载机．北京：化学工业出版社，2006